全民阅读·经典小丛书

# 青年女性要懂的人生道理

QING NIAN NU XING YAO DONG
DE REN SHENG DAOLI

冯慧娟 编

吉林出版集团股份有限公司

**图书在版编目（CIP）数据**

青年女性要懂的人生道理 / 冯慧娟编 . — 长春：
吉林出版集团股份有限公司, 2017.3
（全民阅读. 经典小丛书）
ISBN 978-7-5581-0995-9

Ⅰ . ①青… Ⅱ . ①冯… Ⅲ . ①女性 – 人生哲学 – 青年
读物 Ⅳ . ①B821–49

中国版本图书馆 CIP 数据核字 (2016) 第 307280 号

QINGNIAN NVXING YAO DONG DE RENSHENG DAOLI

# 青年女性要懂的人生道理

作　　者：冯慧娟　编

出版策划：孙　昶
选题策划：冯子龙
责任编辑：于媛媛
排　　版：新华智品
出　　版：吉林出版集团股份有限公司
　　　　　（长春市福祉大路 5788 号，邮政编码：130118）
发　　行：吉林出版集团译文图书经营有限公司
　　　　　（http://shop34896900.taobao.com）
电　　话：总编办 0431-81629909　　营销部 0431-81629880 / 81629881
印　　刷：北京一鑫印务有限责任公司
开　　本：640mm×940mm 1/16
印　　张：10
字　　数：130 千字
版　　次：2017 年 3 月第 1 版
印　　次：2019 年 6 月第 2 次印刷
书　　号：ISBN 978-7-5581-0995-9
定　　价：32.00 元

印装错误请与承印厂联系　电话：18611383393

# 前言
## FOREWORD

　　女人的一生无论追求什么，最终目的都是要获得自己想要的幸福。而20几岁，正是决定女人命运的关键时期，这一时期的决定往往会影响女人一生的幸福。几乎所有关系到女人幸福的事情，如婚姻、工作、事业等都需要她们在此时考虑成熟。然而20几岁的女人缺乏人生经验、容易受错误思想的误导，做出令自己后悔的选择。比如说，选择了不适合的丈夫就可能走入不幸的婚姻；选择了不适合的工作就可能让职场生涯充满坎坷。当她们幡然醒悟时，美丽早已黯淡；青春早已逝去；而幸福也不可能还在原地等待。

　　被誉为"世界第一名潜能开发专家"的美国著名学者安东尼·罗宾认为，女人想要获得一生的幸福，就应当在20几岁做好7件事：学会快乐、进行智慧投资、找个好男人、提高修养、掌握拓展人脉的社交手段、学会理财。

　　本书立足于东方社会的现实情况，整理了20

青年女性要懂的人生道理

几岁女人应当思考的问题，以及在面对各种至关重要的选择时应当拥有的正确思想。全书从"做好幸福准备"、"学会世俗"、"不把婚姻交给命运"、"投资自己"、"拓展人脉"、"打造职业品牌"和"创造财富"七个方面给女孩以建议，希望能够帮助年轻女孩解读人生困惑、从青涩走向成熟、在人生最关键的时期做出明智的选择、把握自我命运、收获幸福人生。

# 目录
## CONTENTS

# 目录
## CONTENTS

# Chapter 1
## 20几岁，做好幸福准备

# 20几岁不做，30几岁就晚了

20几岁，是女人生命里最重要的阶段，也是女人整个人生格局形成的关键时期。女人对这一时期把握得好与坏，会直接影响她们未来的人生境遇。因为许多关系到人生幸福的选择，如工作、爱情、婚姻等都需要她们在此时做决定。有的时候，一个看似无所谓的决定，却会像蝴蝶效应般影响女人的一生。

左右人生的是选择，左右选择的是心态。若20几岁的女人拥有希冀创造幸福生活的成熟心态，那么她的每一次选择都会让自己更加接近幸福；倘若20几岁的女人总是用悲观的心态面对未来，年纪轻轻就认为自己没有接近幸福的权利，那么她们在30几岁之后也多半不会幸福。因为20几岁，是女人拥有最多"先天资本"的时期，是她们一生中最灿烂、最美丽、最具激情和创造力的时期。如果此时能够洗好人生这副牌，趁着自己的价值观和心态都还没有固定时调整生活态度，她们就能利用这些"先天资本"为自己创造"好运"。而到了30几岁时，女人的这些"资本"就会贬值许多，并且婚姻、事业也已基本定型，更重要的是，已经稳定的不成熟心态也就更不容易改变了。

所以，20几岁的女人，一定要培养自己能够"选择幸福"的正确心态……

## 摆脱"不幸"的思考模式

　　看起来，这世界上的每一个幸福女人似乎都有着"天生"的好命，比如，出生在富裕且幸福的家庭；或者运气不错地找到一份很好的工作；或者有幸碰到一个条件棒极了的老公；或者拥有出色的经商头脑，年纪轻轻就坐拥百万资产……与之相同的是，大多数生活不幸的女人也将自己的不幸归结于命运，常常说："我的家境不好，我怎么能好得起来呢？""我的运气一直糟透了。""我天生就没有财商！"这也许就是20几岁的女人喜欢查看生肖和星座运势的原因，她们认为命运早已经决

定了自己的幸福。

其实不然，韩国著名作家南仁淑在她的书中说道，不幸的人生是被灌输的，而灌输者不是命运，正是父母。这一类似观点在世界著名的育儿专家史蒂夫·毕德甫的著作里也有体现。他认为"不幸的父母会在子女的头脑里，不断地记录自己的不幸。"不幸的父母常常说："有钱人能够怎么样，而我们不行。""我们就是没有发财的命。""这是个不公平的世界。"这些话显然会对孩子产生巨大影响。

人们总认为贫穷家庭的孩子会继续贫穷，是因为父母没有能力让孩子接受好的教育，孩子继承的是贫穷而不是财产。这的确是一部分原因，然而更重要的是，父母不断灌输给孩子的思想，会让孩子重复那些招来贫穷的行为模式。那些自小就认为"好生活"与自己无缘的年轻女人，她们很难自发地去找一份赚大钱的工作，找一个有钱有势的好男人，因为她们不断告诉自己"这些肯定不属于我"。就算真的有机会，她们也会以各种各样的理由退缩，比如说："我一定做不来这份工作"、"他的家庭跟我的家庭悬殊太大，我们一定不适合"。就这样，不知不觉中，在生活的每一个岔道口，她们都选择了贫穷和不幸，一厢情愿地认定自己是个没有福气的人。

年轻女性不管在人生的哪一个路口，都不要轻率地做出选择。因为，这很有可能是头脑中被父母灌输的错误思想指使你做出的决定。这个时候，你应当客观地问问自己："这个选择能不能让我幸福？"或者你也可以向那些比你富裕、比你更有能力、比你幸福的人寻求指点，因为她们的行为模式已经被事实证明能够更加靠近幸福。

# 大多数20几岁的女人对幸福有误解

20几岁，我们大多斗志昂扬，因为人生充满了无限的可能。因此，20几岁的女人常常觉得现在谈幸福还言之过早，因为在她们眼中，幸福是一种对当前生活的满足感，感受幸福就是逃避残酷的现实，"幸福"二字比较适合出自安于现状的人口中。当然，这并不是说20几岁的女人都渴望"不幸"。

事实上，真正的幸福不是"满足"而是"感激"，真正渴望幸福的人应当关心并感激生活中的每一个幸福细节，并从中找到幸福的价值。对于一件东西，人们只有喜欢它、从心里接受它，才会寻找它、追求它、得到它，这是人间法则。如果人们排斥幸福，又怎么会得到幸福呢？

## 不要对幸福的人有成见

人们常常用"温室里的花朵"来形容没有经受过磨难的幸福之人。但是，这个词本身就包含了人们的偏见和嫉妒。在大家眼里，被冠以此封号的人，多半都比较幼稚、不懂人情世故。这是因为，人们在潜意识里都有一种渴望，希望能从自己不如意的生活和经历过的苦难中得到补偿。这种补偿如果不能是物质上的，那么也应当是精神上的。

但是，谁说一定会如此呢？经历的事情越多，受过的磨难也就越多，但并不是历尽了苦难就会让人变聪明。有些人，不懂得从磨难中吸取教训，反而怨天尤人、脾气越来越暴躁，甚至还和幸福之人划清界限，或通过贬低幸福之人来安抚自己心灵的创伤。这样的人，大多数只会让自己越来越觉得不幸福而已。

娜娜出生在一个富裕的家庭中，从小就过着幸福的生活。而玲玲出生在一个清贫的家庭，每个学期都会为学费发愁。两人进入同一家公司后，玲玲非常看不起娜娜，认为她实在是太幼稚了。因为娜娜会对每个人的新衣服加以赞扬，即使实际并不好看；面对刻意刁难自己的上司，她也不懂得反击。玲玲常常对同事说，娜娜从来没有吃过苦，所以根本不懂得人情世故。但是一段时间后，玲玲却惊奇地发现，公司里许多人都很喜欢娜娜，而且从前刁难娜娜的上司也不再找她麻烦了。更重要的是，玲玲一直以为自己的工作业绩会比娜娜好，但结果却并非如此。

玲玲认为自己比娜娜经历了更多的艰辛，生活应当会给她应有的回报：她应当比娜娜更会处事，更容易获得别人的认可和成功。但是她忽略了一点，娜娜因为有幸福家庭的护航，所以能得到很好的教育，赢得成功的机会更大一些；而娜娜平和的心态，也让她更容易得到旁人的喜欢。20几岁的女人，常常对比自己幸福的人有偏见，并与她们划清界限。但是，与其花费精力嫉妒那些条件比自己优越、生活比自己幸福的人，还不如更加靠近她们，努力学习她们获得幸福的技巧，让自己曾经因为辛苦而饱受伤害的心灵也能享受到幸福的滋味。

## 不要吝啬感受幸福

时下，网络上充斥着许多抒发自己伤痛和苦恼的句子或文章，它们常常能得到众多回复。很多人宁愿乐此不疲地控诉着生活中不愉快的点点滴滴，将其"公布于世"，也不愿去发现生活中的幸福细节，与他人分享。不仅如此，他们还嘲笑表达幸福的行为，认为那些太过虚假或做作。对于媒体上所报道的人们幸福的模样，他们也常常会说："那些都是假的"，"他们真的有那么幸福吗？"

诚然，每个人都有自己的烦恼。但是，我们就一定要将人生中的各种不如意都展现在他人面前，把不幸福的感觉也传染给他人吗？难道相信幸福的存在是如此困难的一件事情吗？

在畅销全球的《秘密》一书中，作者朗达·拜恩认为，宇宙间存在一种特有的吸引力法则，人们一旦将眼光落在苦难上，则会吸引来苦难；如果执着地渴望幸福，则会吸引幸福靠近。因为，总认为自己很不幸的人会在幸福面前犹豫、退缩，不敢大胆地表现出自己的幸福以及对幸福的渴望。而这些胆怯又会反过来阻碍她们尽情地享受和追求幸福。而幸福感则会让人们对未来充满希望，使人们精力充沛地面对未来，在逆境中给人坚持的信念，在顺境中让人滋生想要更加幸福的愿望。

因此，20几岁的女人应当学会感受幸福，认识到幸福的"存在"，表达出自己想要的幸福，勾画未来幸福的模样，努力和"幸福"建立亲密的联系，只有这样才能让幸福相伴一生。

# Chapter 2
## 世俗，但不庸俗

# 早一点认清现实

　　20几岁正是追求"清纯"、"浪漫"的年纪。绝大多数女人在20几岁的时候都会认为，现在重视"有钱的老公、豪宅、名车"等东西太过现实和功利，人生还有很多时间可以用来追求它们，年轻的岁月一定要"纯洁"、"美好"地度过。不过，许多女人到了30几岁的时候就会发现，这些20几岁时不以为然的东西，如今对她们来说竟然如此重要，而且也越来越难得到。与其到30几岁时再后悔，不如在20几岁的时候就早一点让自己认清现实，学着重视一点金钱和物质，学着追求一些衣食一些无忧的幸福生活。

　　认清现实，还意味着在现实的环境里清醒地活着，认识到自己应该拥有怎样的生活方式才能更加贴近幸福。拥有"追求幸福"这种思想的人，会向着目标有计划地前进，成为自己人生的主宰者，而不是一味地听天由命，随心所欲地混日子。

## 世俗并没有什么不对

　　没有人不渴望金钱、名誉，但是为了避免被称为"世俗"的人，许多人又对这些东西加以否定。20几岁的女人，就算能够认清现实，知道追求金钱和物质的重要性，也常常会在众人的批判声中无所适从，不敢大胆地表现自己对物质的渴望和追求。但是，青春稍纵即逝，如果20几岁的女人在面对现实时始终存在着矛盾和犹豫不决的心理，那么无疑是在耗费自己的青春和未来。

其实，世俗并没有什么不对，只要下定决心做一个"俗人"，那么旁人的指指点点就不会对你造成伤害。

慧慧和微微是大学时的同学。大学时，慧慧最喜欢读言情小说，她认为年轻的女孩最重要的就是要赢得一场浪漫的爱情；但微微却经常读经济报刊和时尚杂志。对于积极参加各种社团活动的慧慧来说，微微对"打工挣钱"的热情让她无法忍受。她对微微说："难道你的脑袋里除了怎么挣钱就什么也没有了吗？"面对慧慧刻薄的质问，微微平静地说："难道你以后不用挣钱吗？"在慧慧眼里，微微是个"俗不可耐"的人。

几年后，两人在同学聚会上相遇。毕业后一直找不到合适的工作的慧慧，因为生活压力太大，看上去憔悴了很多。而工作经验丰富的微微，毕业后就赢得了一家大型企业的青睐，现在年薪不菲，还嫁给了一个能力不错的律师，日子过得很好，因此整个人看起来容光焕发。而且慧慧还听说，微微一直在资助两个贫穷山区的孩子上学读书。

世俗，并不意味着抛弃精神追求，只重视物质价值，"世俗"的人要抛弃的是一些不切实际的想法。其实，精神价值和物质价值并不矛盾，有的时候物质价值更是实现精神价值的基础。

# 做一张人生目标的清单

世俗与庸俗的区别就是，一个看清现实，一个安于现实。"幸福"并不只是说说而已，漫无目的地抱着幸福的愿望，却不愿为此而努力的人，既不懂幸福，也不会创造幸福。这种人不是世俗而是庸俗。自古以来，能够成功经营自己的女人，一定知道什么是自己想要的幸福，并且把它当作目标牢记在心底，相信它总有一天会变成现实，同时持之以恒地不断朝着目标前进。

对于20几岁的女人的来说，拥有健康的身体、成为富翁、找到好工作、与帅气又有能力的男人结婚，这些想法是理所当然而且合情合理的。那么如何将心中这些模糊的"愿望"转变成清晰的"目标"呢？如何才能有计划地实现这些目标呢？不妨为它做一张清单吧！

## 一份目标实现清单

填写日期：

# 我有哪些目标

注意：应当按照渴望程度的大小来排序。

目标1: _____

_____

目标2: _____

_____

目标3: _____

_____

......

目标n: _____

_____

# 每个目标的实现需要什么条件

注意：目标之间的互补性，譬如说目标1的实现是可以赚到足够的钱，这样就能有条件去实现目标2：

目标1: _____

_____

目标2: _____

_____

目标3: _____

_____

......

目标n：_____

_____

## 给目标排列实现的先后顺序

注意：既要耗费大量时间又要耗费大量金钱的目标，不妨排到"功成名就"之后，譬如说周游世界；有的梦想还应考虑其他情况，譬如说生孩子的日期不能排在60岁以后。

目标3：_____

目标1：_____

_____

目标n：_____

_____

......

目标4：_____

_____

### 我有什么办法去创造实现目标的条件？

注意：在依靠传统方法的同时，可以借助新兴的创意和方法。譬如说患了不孕症，可以做试管婴儿；买不起房子，可以付完首付，然后租出去；付不起旅费，可以寻找机会搭顺风车。

目标3：＿＿＿＿＿＿＿＿＿＿＿＿＿＿＿＿＿＿＿＿

＿＿＿＿＿＿＿＿＿＿＿＿＿＿＿＿＿＿＿＿＿＿＿＿＿＿

目标1：＿＿＿＿＿＿＿＿＿＿＿＿＿＿＿＿＿＿＿＿

＿＿＿＿＿＿＿＿＿＿＿＿＿＿＿＿＿＿＿＿＿＿＿＿＿＿

目标n：＿＿＿＿＿＿＿＿＿＿＿＿＿＿＿＿＿＿＿＿

＿＿＿＿＿＿＿＿＿＿＿＿＿＿＿＿＿＿＿＿＿＿＿＿＿＿

......

目标4：＿＿＿＿＿＿＿＿＿＿＿＿＿＿＿＿＿＿＿＿

＿＿＿＿＿＿＿＿＿＿＿＿＿＿＿＿＿＿＿＿＿＿＿＿＿＿

### 重新整理目标，形成表格式的清单

注意：把那些不太渴望，但又费时费力的目标删掉。如果目标比较多，此处填不下，可以另打一张表格。

| 梦想 | 实现时间 | 已实现（没能实现的原因） | 备注 |
|---|---|---|---|
|  |  |  |  |
|  |  |  |  |
|  |  |  |  |

"我发誓，这些都是我的真实愿望。我从现在起就朝着我的梦想不懈努力。我愿意把梦想告诉我的亲人和朋友，让他们监督我的行动。一旦我完成某个梦想，我就会在'已实现'栏内打勾，并给自己开一个小小的庆祝派对。"

个人签名：_____

## 有目标的人会与众不同

梦想不是空想，它隐藏着你的天赋。

——著名影星 爱莉森

梦想就是一个人渴求实现的目标。在日常生活中，在一样的部门做同样工作的人，几年后的境遇有可能天差地别，而造成这种差别的原因就是目标。为人生确立目标的人，就算最终无法实现这个目标，也会在奋斗的过程中成长。聪明的女人一定会为自己制订目标，并时常坚定实现目标的信念，思考实现目标的计划。她们对完成这个目标需要学习哪些知识，需要结识哪些人，大致需要花费　　多长时间，一定都会在心

里有个明确的规划。

　　当然，并不是每个人都只能拥有一个宏大的目标，我们也可以拥有一些小目标。比如说："一年内读多少本书？存多少钱？""一天内要做好哪些事？"当然，这些小目标一定是要为大目标服务的。

　　相较于大目标来说，小目标实现的时间较短，也比较容易。但是每一个小目标的实现都会给人带来成就感，而这种成功的滋味会激励人们不断努力去实现下一个小目标。尝过成功滋味的人，每天都会期待目标的完成，每天都是精彩的。

# Chapter 3
## 婚姻一定要仔细考量

# 不要把婚姻看成爱情的保险柜

浪漫的爱情是所有的女人都期望得到的，因此许多女人认为："一定要和自己爱的男人结婚才行，嫁给一个自己不爱的男人绝对不会幸福。"其实并不一定，现实生活中很多原本相爱的夫妻最终仍是以离婚收场。因为恋爱时，源源不断的爱意可以让女人包容一个脾气古怪、没有能力的男人。但是结婚后，当爱情遭遇现实生活时，一个懂得浪漫、性格与自己相配、有一定的经济实力的男人才会让女人越来越爱。懂得追求幸福的女人，面对爱情时可以一见钟情，面对婚姻时却一定是百般考量。

## 找一个适合自己的丈夫

1981年7月29日，戴安娜与查尔斯王子举行了耗资近10亿英镑的"世纪婚礼"。面对爱情，戴安娜选择忽视自己与查尔斯王子性格与成长背景的巨大差异。她为了这个英俊潇洒的英国王子，义无反顾地披上了婚纱，从幼儿园教师一跃成为大不列颠地位最高的王妃。于是她面临两个选择：要么服从于王室的规矩，做一个合格的王妃；要么坚持个性，追求一个真实的自我。戴安娜最终选择了与王室传统背道而驰的道路：她穿性感暴露的衣服，在公众面前爽朗地大笑。王室无法理解也不能容忍她，就连查尔斯也常对她说："你为什么不去读点书呢？"此后，两人性格方面的差异越来越明显，之间的隔阂也越来越大。最终，他们童话般的婚姻以离婚而告终。

美满的爱情是建立在男女双方性格、感情、兴趣相投的基础上的。有些看似美满的姻缘实际上却潜伏着危机：因为两人的兴趣、爱好、修养、知识结构等相差甚远。女人并不是要找一个千万富翁，而是在找一个可以共度此生的丈夫，如果那个人不适合，千万富翁也不嫁；如果他适合，就算不是富翁也可以嫁——关键是要分析清楚，明白两个人是否"相配"。这样，女人就不会因为一个男人"有学识、有教养、有品位、有爱心"，而仅仅因为没有千万财产便错失了良缘；也不会为了"钓住"千万富翁而做出愚蠢的傻事。

每个人都有自己的"天性"，很难为其他人去改变，就像马格德堡诗人梅彻斯特在他的一首短诗中说到的那样：

鱼儿不可能淹死在水里；

鸟儿永远不会从空中坠落；

火不能让金子消融，只能让它更闪亮；

上帝创造的每一种生物，

都必须活在它们自己的自然中；

我如何可能抗拒我的天性？

那是上帝赐给我的独一无二的生命！

如果两个人的"天性"并不适合，那么就算他们走进了婚姻的殿堂也很难幸福。因此，想要选一个与自己相配的男人，女人最重要的是先了解自己，只有知道自己是个什么样的人，才能选对自己需要的人。20几岁的女人，怎样才能练就一双"火眼金睛"，寻找真正属于自己的"Mr. Right"呢，不妨先从了解自己开始，做一份个人资料的清单：

### 你的基本信息

| | |
|---|---|
| 年龄： | |
| 职业： | |
| 教育水平： | |
| 种族： | |
| 宗教： | |
| 所在城市： | |
| 社会地位： | |

### 你的兴趣爱好

......

### 你的外形魅力

（提示：具体身体部位和整体气质，如头发、眼睛、脸、微笑、嘴唇、牙齿、鼻子、耳朵、皮肤、身高、身体状况；性感、可爱、温柔等。）

## 你的个性

（在符合的选项后打"√"，即使有些形容词不那么让你喜欢，但只要是真实的，也应该选出来。）

| | | | | | |
|---|---|---|---|---|---|
| 多情的 | ☐ | 对情感麻木的 | ☐ | 愚蠢的 | ☐ |
| 有才智的 | ☐ | 直率的 | ☐ | 不够坦率的 | ☐ |
| 循规蹈矩的 | ☐ | 反叛精神强的 | ☐ | 冷静的 | ☐ |
| 容易激动的 | ☐ | 宽容豁达的 | ☐ | 容易记仇的 | ☐ |
| 果断的 | ☐ | 优柔寡断的 | ☐ | 迎难而上的 | ☐ |
| 害怕困难的 | ☐ | 妥协的 | ☐ | 不妥协的 | ☐ |
| 事业心很强的 | ☐ | 事业心不强的 | ☐ | 成熟的 | ☐ |
| 幼稚的 | ☐ | 要求很高的 | ☐ | 要求很低的 | ☐ |
| 乐观的 | ☐ | 悲观的 | ☐ | 性欲强烈的 | ☐ |
| 缺乏性欲的 | ☐ | 整洁的 | ☐ | 邋遢的 | ☐ |
| 独立性强的 | ☐ | 喜欢依赖他人的 | ☐ | 浪漫的 | ☐ |
| 不浪漫的 | ☐ | 妒忌心很强的 | ☐ | 没有妒忌心的 | ☐ |
| 自私的 | ☐ | 无私的 | ☐ | 热心肠的 | ☐ |
| 漠不关心的 | ☐ | 诚恳的 | ☐ | 不诚恳的 | ☐ |
| 能使人发笑的 | ☐ | 不能使人发笑的 | ☐ | 敏感的 | ☐ |

| | | | | | |
|---|---|---|---|---|---|
| 感觉迟钝的 | ☐ | 爱出风头的 | ☐ | 不爱惹人注意的 | ☐ |
| 世故的 | ☐ | 天真的 | ☐ | 现实主义的 | ☐ |
| 理想主义的 | ☐ | 健谈的 | ☐ | 文静的 | ☐ |
| 负责任的 | ☐ | 不负责任的 | ☐ | 爱抽烟的 | ☐ |
| 不抽烟的 | ☐ | 有自知之明的 | ☐ | 没有自知之明的 | ☐ |
| 节俭的 | ☐ | 大手大脚的 | ☐ | 好交际的 | ☐ |
| 不好交际的 | ☐ | 鼓励人的 | ☐ | 爱泼冷水的 | ☐ |
| 值得信赖的 | ☐ | 不值得信赖的 | ☐ | 礼貌的 | ☐ |
| 粗鲁的 | ☐ | 自律性强的 | ☐ | 自控能力差的 | ☐ |
| 拖延的 | ☐ | 积极主动的 | ☐ | 适应性强的 | ☐ |
| 适应性差的 | ☐ | 无忧无虑的 | ☐ | 顾虑重重的 | ☐ |
| 会自我放松的 | ☐ | 非常紧张的 | ☐ | 懒怠的 | ☐ |
| 积极热情的 | ☐ | 追求实际的 | ☐ | 自命不凡的 | ☐ |

女人们不但能通过这份清单了解自己，而且还可以参照其去衡量某个特定的人到底是不是适合自己的之人。不过在利用这份清单时，女人们应当注意，你要嫁的是现实生活中能够得到的男人，而不是"乌托邦"的王子。你不能期望他美得像古希腊的大理石雕像，也不能期望他的性格完美无缺。但是，你要知道自己真正需要的是什么，你能够容忍对方的底线在哪里？如果你是一个喜欢生活在大都市，并且打算在那儿

定居的人，你可以嫁个经常去非洲出差的人，但是你绝对不能嫁个长驻

非洲在那里考察野生动物的人；如果你是一个不善于做决断的人，那么

就不应该嫁给一个同样优柔寡断的人。


## 白马王子不会从天而降

　　对于女人来说，错误的婚姻是不幸的开始；如果嫁给了"好男

人"，则会抬升自己的身份地位，甚至还可以过着"养尊处优"的生

活。谁都知道这个道理！但是许多20几岁的女人似乎太过沉迷"灰姑

娘"的童话故事，认为只要耐心等待，"王子"一定会从天而降。殊不知，并不是每个人女人都有资格成为"灰姑娘"，而即使是"灰姑娘"也并没有坐等天上掉馅饼。她偷偷去参加晚宴才能遇见"王子"；她穿上了华丽的衣服才能吸引王子的眼光；而她与王子跳出的美丽舞步更不可能是一两天内就能够练就的。

因此，20几岁的女人要明白，机会总是留给准备好的人，好男人也是一样。

## 克服心里的自卑

许多自身条件不太好的20几岁女人，总是期待着嫁给一个好男人。但是当好男人向她们伸出橄榄枝时，她们又常常表现出莫名的自卑，觉得压力太大，因此不喜欢和他们交往。如果"灰姑娘"也因为自己女佣的身份而推开了王子向她伸出的手，她还能有幸福美满的婚姻吗？

一个条件好的男人愿意与某个女人恋爱或结婚，一定是因为这个女人有充分的资本，她的某些性格和气质吸引了他。所以，年轻女人如果在好的环境里遇到了优秀的男人，完全没有必要过于自卑或惧怕，当他伸出手时，应该毫不犹豫地抓住，因为这也许就是走向幸福的第一步。

## 扩大自己的交际范围

路易莎代替朋友出席一次行业的晚餐会，遇到了一个人。那个人在台上发言的时候她并不觉得有什么异样，后来，她发现有道目光在看自己。四目相交的那一刻，她的心里"咯噔"一下。会议结束后，她取自助餐时，那个男人走过来说："我好像见过你！"……就这样，两个人开始了他们恋爱、结婚的旅程。

被誉为"传媒史中传奇人物"的海伦·布朗说："生命中有很多邂逅，本来可以改变我们的一生。"关键是，20几岁的女人一定要学会争取这种邂逅，而手段就是扩大自己的交际范围。交际范围越广，结识优秀的男人的机会越大，与他们发展的可能性也就越大。所以，年轻女孩不妨时常问问自己，我该到哪儿去认识那些优秀的男人，这些场合我需要做哪些准备？

以下提供一些可选择之地，年轻女孩可以根据自己的生活环境，在自己认为有

可能的栏内打"√":

| 工作场所 | 做哪些准备 | 公共场所 | 做哪些准备 |
|---|---|---|---|
| 办公室 | | 商场的男装部 | |
| 出差地点 | | 飞机/火车/轮船上 | |
| 生意宴会/午餐会 | | 教堂/街上/候机厅 | |
| 行业会议/谈判 | | | |
| 休闲场所 | 做哪些准备 | 其他地方 | 做哪些准备 |
| 运动场所 | | 朋友/亲戚的家里 | |
| 度假的地方 | | 隔壁邻居 | |
| 酒吧/咖啡馆 | | 培训课的教室里 | |
| 派对上 | | 因特网 | |
| 交友俱乐部 | | （　　　） | |

　　有的年轻女孩为了恋爱工作两不误，把自己的"猎夫"地点主要锁定在工作场合里。其实，如果不是太忙的话，完全可以把范围扩大一点，但要注意两点：其一，选择的地点中一定要有符合自己要求的男人出入；其二，选择的地点不能整日出入的总是相同的几个人。

## 学会抛撒诱饵

　　海伦·布朗说："你要做那个唯一的女孩，才能让人发现你、记住你。"年轻女孩出席任何场合都应当尽力将自己装扮得美丽。因为，外貌是女人吸引男人的第一要素。此外，聪明女人在某个地点遇到吸引自己的男人时，绝对不会沉浸在男人会主动追求自己的幻想中，绝对不会内心火热、激动，表面上却畏缩、默然，她们会向男人发出鼓励的信号。

　　桃乐丝就是在一次酒会上认识她现在的丈夫的，起初，她只是觉得这个男人长得还不错，看起来像个成功人士。于是，她便把目光停留在这个男人身上几秒钟，待男人发现后迅速移回。桃乐丝知道，这个动作已经暗示了这位男士："我注意你了！"

　　此后，桃乐丝虽然在跟女友说话，但她的余光却从未离开过这个男

人。桃乐丝知道，这个男人也一定感觉到了。而在同女友说话时，桃乐丝还不忘做一些展示自己美丽的小动作，比如说，她挺胸收腹，让身体曲线显得挺拔、优美；她用手指抚弄、撩拨耳边垂下的一缕头发，有时候将头发在指上打圈；她不停变换笑容，含羞的、稚气的、温柔的，或者似笑非笑；当这个男人结束了谈话，坐在一边的沙发上休息时，桃乐丝也支开了男友坐到沙发上。男人微笑地看着桃乐丝，桃乐丝也报以同样的笑容……至此，桃乐丝知道，她的"鱼儿"上钩了。

在东方社会，女人容易受到传统道德观念的束缚，因而面对吸引自己的男士常羞于主动表达。其实很多时候，女人在矜持之余，如果能适当地对吸引自己的男士放出诱饵，那么捕获"他们"的可能性也许会更大。

## 别让"鱼儿"脱了钩

聪明的女人在结识了吸引自己的男性后，绝对不会因为疏忽而忘记留下对方的联系方式，也不会苦苦等着对方的电话。如果她想和这个男人约会，她会主动邀请。邀请的方式可分很多种，如果是性格外向的女人，可以直接向对方提出邀请。对于性格比较内向的女人来说，最巧妙的方法就是请对方"帮忙"，比如说："詹姆斯，听说你很擅长网络，能帮我看看新做的网页有什么缺陷吗？我请你吃饭！""我多出一张爵士音乐会的票，不用就浪费了。你对爵士乐感兴趣吗？"不过，这种邀约方法使用的前提是，她已经通过某种渠道打听到了一些关于这个男人的信息。

如果已经成功邀约，那么女人就需要在约会的过程中让对方留下更美好的印象。特蕾西·考克说："对男性的问卷调查显示：在女人对男人的诸多吸引方式中，笑容居第一，眼睛的相互对视位于第二。"除此之外，一些不经意的小动作也是女人攻克男人的有效利器。比如说"不经意的碰触"。不过，需要注意的是，这些小动作必须是得体的，否则只会给男人一种过于轻浮的感觉，这样的女人他也不会尊重或喜欢。

需要注意的是，现实生活中，有些女人为了讨得某个男人的欢心，拼命地伪装自己，明明是大大咧咧的性格，却偏要装出温柔又羞涩的模样。要知道，伪装一时容易，伪装一辈子难，而且何苦为了一个男人委屈自己？

## 多听听"鱼儿"朋友的意见

俗话说："男婚女嫁的时候，耳朵比眼睛更有效。"聪明的女人在考察一个男人是否值得嫁的时候，除了会依据这个男人提供给她的信息之外，还会参考这个男人朋友的意见。

住在纽约的劳伦遇到了一位来自旧金山的男人，两人深深地沉浸在爱河之中。后来，劳伦在与这个男人朋友的谈话中偶然得知，原来这个男人在旧金山已有妻室和两个10岁的双胞胎儿子。劳伦知道，这位朋友一定是在善意地提醒自己。

有的时候，从一个男人的朋友口中得到的信息，会比直接来自于他的信息更真实。那么，女人在将终身托付给一个男人前，最好多听听这个男人的朋友对他人品、性格的评价，通过他的朋友了解他的真实收入、优秀程度、是否与其他女人来往以及健康状况等。

## 学会"逼婚"

当男女双方对彼此的印象都很好，一段爱情经过花期就应该结果了——女人应当成功地把自己嫁给选择好的人，而不是把他拱手让给别人。当然，女人最好不要成为主动"求婚"者，而是应该略施巧计，让他成为自投罗网的那个人。

海伦的先生是在迪斯尼乐园向她求婚的，当时他们坐在高高的摩天轮上，海伦正吃着一大团棉花糖，身边都是欢笑的孩子，他们好像也回到了无忧无虑的童年。这海伦的先生突然眼睛有些湿润地对她说："我

们将来生一群孩子好不好？"海伦怔了一下说："不行啊，我还不是你的妻子呢！"结果，海伦的先生在半空中向她求了婚。不要以为海伦在这一幕里很被动，其实这是她预先设计好的：故意到迪斯尼来，因为她知道自己选择的这个男人很喜欢小动物和孩子，这样便很容易引发他想要成家的念头。

女人如果不能逼男人说出"你愿意嫁给我吗"这样的话，便只能尽力地创造一个让他容易开口求婚的环境。比如说：

■ **去看喜剧结局的爱情电影。**

■ 尝试蹦极、攀岩等极限运动，挑战极限后的心悸常常让两个人产生要终生厮守的感觉。

■ 参加已婚人士组成的家庭派对，自然会有人问："有没有结婚？""什么时候结婚？"

■ 到已婚的幸福朋友家里去，看到他们的幸福组合，让他产生想要结婚的念头。

■ 拜访赞成自己和他早日结婚的长辈。

在进行这一切的时候，女人需要注意绝对不要让他感觉到是自己想结婚，必要时也可以推脱说："才不想嫁给他呢！"这样才能让他更加害怕失去你、珍惜你。

# 婚姻能够助女人完成梦想

20几岁的女人常常会有这样的想法：结了婚的女人不但要担负起家务的重任，而且在工作上也会受到轻视，所以婚姻是女人梦想和事业的绊脚石。其实并不一定，如果女人能遇到一个好的伴侣，婚姻也有可能是帮助女人完成梦想的阶梯。因为在当前的社会中，女人如果没有非常好的背景和能力，想要通过一己之力取得成功、完成梦想，并不是一件简单的事情。

恩景一直想学日语，进入日企工作。但是家境条件不太好的她，不论从时间还是物质上都不充裕。她每个月的生活费都十分有限，实在负担不起昂贵的听课程费和书本费。大学毕业后她进入了一家普通公司。繁忙的工作、不高的薪水让她觉得自己离梦想愈来愈遥远了。几年后她结了婚，丈夫人很好，薪水也很高，恩景完全可以当一个全职家庭主妇。但是她没有这样做，而是在结束了公司生活后，重新投入到学习当中，丈夫也很支持她。没过多久，恩景就通过了梦寐以求的日语等级考试，找到了一份自己喜欢的工作，因而生活得更加幸福。

一个稳定的婚姻能够给女人带来经济上和精神上的安全感。一个女人如果能嫁给一个从经济上可以提供给自己帮助，从精神上可以支持自己完成梦想的男人，那便是真正的幸福。因此，那些20几岁怀有"雄心壮志"的女人，没有必要执着地为了梦想坚持单身，有时候一桩好的婚姻反而能让自己拥有完成梦想的伙伴。

## 好男人的挑选标准

第一，顾家爱家。顾家爱家的男人最美。顾家爱家的男人会帮助妻子做家务，虽然他们穿着围裙穿梭在厨房间的样子有点平庸，但一份对妻儿的关怀却跃然其间，能够让人感到实实在在的温暖。顾家爱家的男子能够从一个侧面体现自己的善良，他们虽然白天在外面风风火火地应酬，但永远记得家才是温暖的终点站。只希望妻子做家务的男人，很难成为帮助妻子完成梦想的同路人。试想，当所有家务的重担都落在妻子身上的时候，她又怎么能专心地继续学习呢？

第二，能够处理好妻子和自己父母之间的关系。有的时候阻止妻子完成梦想的最大阻力并不是丈夫，而是公婆。因为绝大多数的公婆都希望儿媳能够安分地做好妻子和母亲的角色，而不是拼命完成梦想。

第三，成熟稳重。成熟的男人勇于承担责任，他会努力让妻子体会幸福，他会爱护妻子，让妻子感觉自己生活在"温室里"。他不会给妻子太多压力，也不会整天要求妻子必须做这个，或必须做那个。

第四，幽默风趣。幽默风趣的男人会让夫妻两人的生活中经常被愉快的气氛环绕。这样的男人不容易让女人们心生厌烦感。

第五，雄心壮志。梦想会让男人不断成长。有梦想的男人不但自己会不断进取，不容易在困难面前低头，而且更容易理解妻子期盼完成梦想的愿望。并且，妻子在完成梦想的路上，不管遇到了多大的挫折，这类男人也会告诉她别灰心，我们一起并肩作战。

此时，如果丈夫不能说服父母，那么妻子在完成梦想时就会面对重重阻碍。

# Chapter 4
# 投资自己不会吃亏

# 美丽外表能助你成功

良好的仪表犹如一支美丽的乐曲，它不仅能够给自身提供自信，也能给别人带来审美的愉悦：既符合自己的心意，又能左右他人的感觉，使你办起事来信心十足，一路绿灯。

——20世纪最伟大的成功学大师

戴尔·卡耐基

这不仅是个以貌取物的时代，更是一个以貌取人的时代。好的包装可以让普通的商品卖出好价钱；而普通的包装会让好产品只能以普通的价格卖出。英国著名剧作家本·琼森说："产品包装，可以增加商品的附加值；穿衣打扮，同样可以增加一个女人的附加值。"出色的外表不仅能取悦自己，更重要的是能吸引他人的眼光。

几百年前，莎士比亚就曾经说过："一个人的穿着打扮，就是他的教养、品位、地位的真实写照。"要别人了解你的内在美需要一个长期的过程，但外表却能让人一目了然。20几岁的女人，需要学会塑造和维护能为自己"增辉"的美丽形象，并把它当作一种投资长期坚持下去。只有这样，才能提高自己的能见度和竞争力，得到人际交往中一张重要的通行证。

# 佛靠金装，人靠衣装

*她有一种女性的本能，觉得衣服有一种巨大的影响力，它比性格的价值和气质的魅力都要大。*

——美国著名女作家 路易莎·梅·爱考特

懂得穿衣的语言，除了可以让一个女人的内在美自然而然地展现于外，还可以准确地传递她想传递的信息：自信、力量、勇敢、果断等等。邓肯曾经说过："衣服和勇气彼此都有着重要的影响。"去豪华酒店赴宴的人，不会选择普通的休闲服，而会穿上一袭华丽得体的晚礼服，这不仅仅是为了表现自己的礼仪，更是为了预防被酒店豪华的气势所吞没。一个与大人物谈判的人，会选择质地优良、剪裁得体的职业装，以便从心理上与他平起平坐，而不是一开始就底气不足。此时的衣

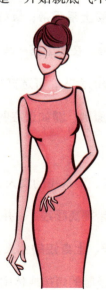

服已然变成了一件心灵的保护衣。

那么，衣服究竟应当怎样穿，才能显得美丽又得体呢？

## 穿出个性美

时装界的女王科科·夏奈尔曾说过一句话："时装如同建筑，它是一个比例问题。"没错，不论是高矮胖瘦，只要用心，任何女人都能穿出个性美：

■ 个子比较矮的女人，别穿长及脚踝的裙子，也别穿垫肩很高的衣服；可以选择清一色的服装，它会使身材看起来"伸展"一些。

■ 个子比较高的女人，别穿那些会让自己看起来更高的衣服，如超级紧身衣、深色紧身裤等；值得一试的衣服是：长及膝盖的裙子，富有创造性的长筒袜以及宽松的长大衣。

■ 略微肥胖的女人，别穿紧身裤，也别穿宽大的、布满褶皱的衣服，并且别在腰上系腰带；最好把又大又重的厚外套换成柔软、轻盈面料的衣服；此外，在肩上搭一块披肩或围巾也是不错的选择。

■ 比较瘦的女人，可选择棉、麻等看起来有分量的布料，并在搭配上以多层次为原则，譬如说在衬衫外面加一件背心或外套，在脖子上围一条丝巾或围巾。

■ 上身长、下身短的女人，应该穿腰线较高、配有垫肩的衣服（或者用宽大的腰带提高腰线），并且在下身配长裤或摆小的裙子。

■ 下身长、上身短的女人，可穿V字领的、腰线低的上衣，下身穿摆大的裙子、及膝的短裙或休闲的七分裤、九分裤。

■ 臀部较大的女人，需要穿些能包住臀部的上衣、宽大的无袖长袍，或将垫肩垫宽一点儿，也可尝试多穿裙子，但不能是臀部宽松的裙子。

■ 臀部较小的女人，要少穿紧身裤和牛仔裤，多穿裙子，并选择松紧腰带。

■ 胸部较大的女人，可以穿紧身胸衣，外面穿前襟系扣的上衣和裙子。

■ 胸部较小的女人，可以穿紧身衣或紧身的针织上衣，多穿连衣裙也是不错的选择。

## 分场合穿衣

20几岁的女人，只要不把自己打扮得老气横秋或者过分年轻就行，重点是要了解穿衣的场合。美国作家罗宾·洛菲尔说："整个世界都会认为，你工作时穿的衣服和约会时穿的应该不一样。"法国时装界泰斗德阿里奥夫人也曾说过："即使再不招摇、对衣着最不关心的女人，有时候也会意识到某个社交场合是十分重要的，她必须穿戴得体。"

在女人的一生中，尤其是在精力旺盛、应酬较多的年轻时期，只要有社交生活，就不可避免地参加一些舞会、宴会、婚礼、音乐会、联谊会等等，这些场合都需要精心为自己选择衣服。此外，在工作中，如应聘、谈判时的穿着都需要注意，即使是日常的办公室着装也不可忽视。

面试。20几岁的女人参加面试时，最适宜的服装是裙子套装，但样式要独到，这样一方面能让人记住你的特色，另一方面也告诉主考官："我是一个有思想和创意的人，我不是那么死板。"如果应聘的是秘书之类的行政职业或其他较低的职位，可以选择浅色的套裙；如果应聘的是高层主管，则需要选择深色的套裙，并挎一只高档的真皮手袋，这样能增加你的成熟感和威信度，无形中告诉别人："我实力很强。"

**办公室。**女士在办公室的着装一定不能太过时尚，否则会使人觉得心思不在工作上，让上司很难信任。一般来讲，办公室女士最好穿得体的职业装。而职业装的品质则要绝对讲究，面料低劣、剪裁粗糙只能让人怀疑你的品位和工作能力。

**与客户谈判。**此时，女士最重要的是展现自己的精明干练与庄重大方，给人可信赖感，所以最好穿深色职业装；如果为了柔化自己的"强女人"形象，还可以适当地加些点缀物，如一块精致大方的女式名表，一条柔软闪亮的短丝巾；但要注意，套装不能暴露，点缀不能太多，以免让异性的谈判对手产生非分之想。

**约会。**赶赴约会时，女人可以稍稍考虑一下对方和自己的情况。如果相约的男人容易脸红，则可以选择紫色的长裙，以帮助他克服心理障碍；如果自己的气质清雅秀丽，可以穿白色套裙来衬托自己；如果想表现得热情温柔，还可以选择高档的淑女装。

**宴会。**女人参加宴会时应该光彩照人，裙边或胸襟镶缝了花边的小礼服、长裙晚礼服、低胸迷你装都是很好的选择，如果配上一条闪耀的钻石项链，相信会引来无数艳羡的目光。

婚礼。女人参加婚礼时，最好打扮得淡雅宜人，因为婚礼上人人盛装，即使穿得再鲜艳，也体现不出个性，只有反其道而行之，才能让自己在热闹的色彩中脱颖而出。丝质的长裤套装质地飘柔，很容易穿出古典的韵味和优雅的风度，是不错的选择。此外，如果想穿得华丽些，腰部打褶的纱质洋装也可以考虑。

居家。居家女人以休闲装为主即可，面料以舒爽透气的棉麻为主，设计上要宽松一点，以舒适自在并便于操持家务为宜；色彩最好亮丽一点，款式也可以新颖一点——这会给居家生活带来很多情趣。

# 化妆是一门真正的艺术

化妆是一项忽略不起的"面子"工程。有句名言这样说："一个男人对着女人一张细致的脸说话，要比对着一张粗糙的脸说话有耐心得多；尽管这样说使大多数女人不满，可这是不争的事实。"因此，对于20几岁的女人来说，想让自己更有魅力，化妆是不得不学的一课。

20几岁的女人首先要明白，什么样的妆容基调最适合自己，是艳丽的还是淡雅的。一般来说，妆容基调与女人的着装风格和社会身份需要保持一致。妆容基调一旦定下来，就要坚持下去，不可以一会儿淡雅得像百合，一会浓烈得像玫瑰。因为妆容具有连贯性，如果总是变来变去，就很难形成属于个人的妆容特色。当然，如果在非常特殊的情况下，例如需要登台表演等，偶尔地破破格，反而会给人带来很大的新鲜感。

想要找到属于自己的妆容基调，画出精致的妆容，女人需要了解两个方面的知识：一，哪些颜色最适合自己；二，化妆技法。

### 化妆品颜色选择

**粉底。**除非是肤色特别不好或想塑造夸张的效果，否则一般情况下，女人用自然色的粉底就足够了。当然，那些希望自己看起来更白皙的人也可以选择白色的粉底。

**眉笔。**20几岁的女人要尽量少用黑色眉笔，以免给人呆板之感。如果是皮肤白皙的女孩，可用浅棕色眉笔；如果是肤色偏黑的女孩，可用深棕色眉笔；如果是头发较黑、眉毛较浓的女孩，灰色眉笔会是不错的选择。此外，还应注意，千万避免使用比头发颜色深的眉笔，那会给人太"人工化"的感觉。

**眼影。**眼影色需要与服装的主色调保持一致或者互补。譬如说穿桃红色衣服的女孩，可适当地用点红色系眼影；穿黑色衣服的女孩，可涂金色或绿色眼影。切忌使用与眼睛颜色一样或非常接近的眼影，因为只有对比，才会让眼睛看起来更有神采。

**睫毛膏。**一般情况下，睫毛膏的颜色应与自己的睫毛颜色接近，如咖啡色、栗色、黑色等。如果想塑造夸张效果，也可以选用蓝色、绿色等。一般来说，睫毛膏的颜色宜与眼线同色系。

口红。如果想表达夸张与"酷"的效果，可以选择绿色、黄色、蓝色、金色、土色，甚至是黑色的口红。如果是肤色白净的女孩，可以选择粉红、玫瑰红等鲜艳色彩，以给人娇嫩活泼之感，忌选用咖啡色或橘红色；如果肤色较深或接近褐色，可选用咖啡色和橘色；如果气色不好，请尽量少用透明的或雾色系的口红，那会给人病恹恹的感觉；如果想表现庄重大方，可选用深红色。其实，有一种最简单的选色法，女人可以站在镜前，用右手食指和中指并在一起在唇上摩擦，等唇部发热时，出现的红色就是与肌肤同色系的颜色，也是最适合自己的颜色。不过，在这种情况下，粉底应该用自然色。

腮红。如果肤色白皙，应该配温暖的淡粉红腮红；如果肤色暗淡，可以配橘黄色腮红；如果脸形较圆，可用棕色腮红，这样会使脸型看起来较瘦；如果脸较瘦长，可用桃红、粉红的腮红来使面部看起来红润丰满。腮红也有一种最简单的选色法：握紧拳头然后放开，与此时掌心红

色最接近的那一种颜色就是最适合你的腮红色。

## 化妆技法

### 打出自然的粉底

选择大一些的、柔软一些的粉扑，扑上粉底后，拿大刷刷去脸上多余的粉；这样，脸部的粉量就不至于过多，不会像罩了一层面罩一样给人假兮兮的感觉了。需要注意的是，一些小地方不可忽略：发际、眼头、眉毛、眼角、鼻头、鼻翼、嘴角。也可以选用粉底液，但使用之前应先将其置于掌心，以指腹揉匀，并用体温来加热，这样可以提高粉底的柔和度，便于涂匀。

### 画好自然的眼妆

化妆之前先把眉毛修一下，拔掉杂眉，并把眉毛剪短一点。不过，女孩千万别把自然的浓眉变成细眉，这不但与自身的气质不符，而且还会使眼睛看起来有肿胀之感。画的时候，固定三点，按"眉头最粗、眉尾最细、眉峰最高"的方法连接起来，一条标准的眉毛就完成了。眉线不能画得太硬朗，左右两边的形状也要完全相同。

画完眉毛后画眼影。无论选用哪一种画眼影的工具，即使是用自己的指腹，在涂抹眼影前都应在手背上先试一下颜色的深浅。刷和涂的时候，弧度要符合眼睛的弯度。如果想显得更精神点儿，那就要往上扫。

接下来画眼线，如果手比较抖，可以先把肘部支撑在梳妆台上，然后，动作轻柔地把眼线画在睫毛的毛根与毛根之间。画上眼线时，视线往下看；画下眼线时，眼睛向上看。注意，笔尖要圆润，用笔侧峰画。大多数情况下，下眼线可以不用画或者选用极淡的颜色来画。画好之后，绝不要轻易地改，改来改去会使眼线变粗。

最后，涂睫毛膏的时候，先用睫毛梳把睫毛梳好。取睫毛膏的时候，要在管口调整用量。涂的时候，要横向拿刷子，从睫毛根部向毛尖方向单方向涂擦，不可来回涂抹；注意眼角处的细睫毛也要涂到。在睫毛膏未干的时候，尽量不要闭眼睛；得干了以后，再用睫毛梳重新梳开睫毛。

### 涂上自然的唇红

第一步是用热毛巾敷一会儿，然后用软毛刷轻轻地刷去死皮；如果嘴唇干裂，还可以先涂一点橄榄油。接着，用手指涂上润唇膏，注意，不要有遗漏的地方。接下来就是画唇线，要一口气画成，不要停顿和一点点地画。唇线描出的唇廓应清晰，不要忽略嘴角。如果想改变唇形的话，应先在唇缘涂上一点粉底或是遮瑕膏，将原来的唇形遮盖掉。

口红一定要涂得饱满，靠近唇线的边缘不可有模糊、渗色，更不能涂在轮廓线以外，唇角要涂实。唇部内侧应多涂一至两次，因为它很容易在说话时溶掉。涂完一遍之后，请用纸巾印去浮色，照镜子看看是否涂得均匀；然后再涂一遍，这样可以固定颜色。最后，用右手食指指腹轻轻地在唇上抹一遍，以使口红紧贴唇部的纹理，制造出最自然的红唇效果。最后用唇线笔描一描因涂口红而被破坏掉的唇部轮廓。要想制造水润效果的话，还可以在唇中央点一点透明唇蜜。

想做到这一点，首先是把腮红与粉底调匀，然后在手背上轻刷一下，试试颜色的深浅。刷腮红的时候，先轻弹两下刷子，抖掉多余的粉。然后对着镜子笑一下：颧骨高耸处，就是擦腮红最适当的部位。刷的时候不要太重，一定要少量、多次使用才能刷出既自然又均匀的腮红。可以采用斜画法，这种方法适合所有的脸形，画的时候由笑肌至发际轻轻推匀；也可以画出活泼可爱的圆形腮红，把腮红由笑肌向外推匀。画腮红的范围有一个界限：最高不能超过太阳穴，最低不要超过鼻尖和耳垂之间的连线，最内不能超过瞳孔中央。

### 巧遮缺陷

■ 脸型较长。扫腮红的时候可以采用平行画法，从笑肌至耳垂以平行的方式扫匀。

■ 脸型较扁平。可用腮红斜扫制造出立体感。

■ 两眼距离较近。把眉头稍为修整一下，让两眉之间的距离宽些，并把眉尾拉得长一些。

# 魅力细节，不容小觑

那些著名的品牌和没名气的品牌有什么区别？最大的区别是：著名的品牌把每一个细节都做得尽量完美，而不出名的品牌把每一个细节都做得相当粗糙。女人的装扮也是如此。卡耐基夫人桃乐丝曾经说过：从头发的样式、护肤品的选用、服饰搭配到鞋子的颜色，无一不需要你细心地考虑。

### 发型是一枚标签

如果不是从事演艺等特殊职业的女性，发型还是不要换来换去了，最好找到一款适合自己的固定的发型，并让它成为自己的标签。如果是脖子较短的女士，最好不要留长发，尤其是那种披在肩头的中长发。

此外，在特殊场合，当女士的穿衣化妆发生了很大变化时，其发型也应做出相应调整。

### 选择舒适、恰当的鞋子

选择什么样的鞋子非常重要。女人最好的鞋子永远是能让自己舒适走路的鞋子。在舒适的大原则下，女人们挑选鞋子时还要考虑自己的生活习惯、工作性质以及常去的场合，此外，还应避免高档服装与低档鞋搭配的败笔。而从颜色搭配的角度来说，鞋子的颜色应该比衣服的稍深一点，这才不至于给人"头重脚轻"之感。

### 首饰，仅仅用来衬托

首饰，就像包装礼物用的红丝带，能起到点缀的作用。一条项链是必不可少的。它既可以出现在晚宴和舞会上，也可以戴到办公室里，更可以在休闲时搭配裙子和大领口的针织衫。不同的是，晚宴和舞会上需要压得住阵脚的钻石项链或浑圆的珍珠项链；办公室里需要含蓄内敛的铂金项链；休闲时需要轻巧便宜的彩色串珠项链或不昂贵的小珍珠项链即可。此外，项链还有美化脖颈的作用，它可以让普通的脖子看上去跟天鹅颈一样修长美丽，还能让短粗的脖子看上去细长一点。

除了项链之外，还有一个最性感的首饰就是耳环。坠式耳环配上迷人的晚礼服会让女士显得高贵、性感、妖娆，这是为夜生活和派对准备的。在办公室里，夹式耳环才是最合适的。

为了上下比重的协调，女士还可以戴一条手链或戒指。注意，手链、手镯不要和手表一起戴到办公室里。

### 香水，选好你的另一张名片

香味，可以暗暗地帮助女人扩大她的影响力。所以，就像香水不愿意放弃品牌一样，女人也永远不会放弃香水。与发型相似，女人最好也不要随意变换香水的品牌和香型，而应当有属于自己的固定味道，让家里、办公室、衣服、行李箱、用过的便笺纸都带有这种若有若无的香味。女人在为自己选择一款特色香型时，不要忘了一点：让自己感觉良好的香水才是最适合自己的那一种。因为香水虽然对别人有着无形的影响力，但它首先影响的是自己，如果自己都不喜欢自己所散发的味道，又怎么给人良好的感觉呢？20几岁的女人，最好不要选择香味浓烈的化妆品、护肤品和发胶，这些香味和香水味混合起来可能很难闻。如果可能的话，需要使用香水的场合，可用无香味的化妆品、护肤品。

喷香水时应注意，不要浑身上下都喷满香水。因为淡淡的幽香永远比浓烈的香味更吸引人，同时也不会把身边的人"逼"走。当然，冬天时或宴会上，可以稍稍多涂一点；但夏天和日常工作中，女人身上的香水味一定要淡。

喷洒时，喷口与身体应保持30公分的距离，这样才可使香味分布均匀，而不是集中在某一处。喷香水的过程是先喷手腕再移向全身，注意要少量多处，平均而薄薄地喷在身体各处；然后用无名指把香水轻轻推匀。香水需要依赖无名指来柔和、苏醒，具体做法是用无名指轻轻地在各个地方按压两次。此外，不要直接对着肌肤喷洒，尤其是会直接曝晒的部位，如脸部，脖子等。香料碰到阳光紫外线的时候，会产生化学变化，使皮肤起斑、红肿。注意也不要直接喷洒在白色的衣服上。

# 不是贵族，也要学习贵族举止

俗话说"站有站相，坐有坐相"。女人的一举一动、一颦一笑，都是其教养和风度的直接体现，能直白地告诉别人自己的生活态度和性情。所谓的贵族举止，并不是假装矜持或傲慢到让人讨厌，而是举止大方、文雅。这样的女性也许不一定是真正的贵族，但是她一定是个努力追求贵族生活的人，一个潇洒的、四处都受人尊重的人。一个女人的行为举止如果时刻表明她是个十足的贵族，人们对她的态度自然不敢过于随便、敷衍。而这样的人，即使跟真正的贵族相处时也不会觉得自卑或胆怯。

此外，优雅、得体的举止，不但能使女人看起来舒服、美好，更能在一定程度上提升女人的美丽程度。戴尔·卡耐基就说过："漂亮和美丽终究是两回事。一双眼睛可以不够大，但眼神可以美丽；一个脸蛋可以不够标致，但神态可以美丽；一副身材可以不够完美，但仪态和举止可以美丽。"

修炼举止，表情和仪态是最重要的两个方面。

## 表情

著名《时常》杂志作家特蕾西·考克斯问："我是怎样'出场'的？无精打采的？还是大胆挺身、昂然自得？"在美国被誉为"女人艺术

之母"的瑞芝娜说："一个女人的面部表情亲切、温和、充满喜气，远比她穿着一套高档华丽的衣服更引人注意，也更受人欢迎。"

有时候，女性常会不自觉地做某些表情，譬如说走路和看人时眉头微皱、嘴角下撇，带着厌倦、高傲、乖戾或不高兴的神情。虽然这是无心的，但这些动作仍然会让看见的人不开心。

苏菲是个热心、健谈的人。可她自己就是不明白："为什么我不容易结交上新朋友呢？为什么我与客户的关系也不容易一下子就拉近呢？"事实上，罪魁祸首就是她不由自主地表现出的冷冰冰的样子，让人不敢轻易接近和开玩笑。如果一个人的表情传达的信息不正确，别人就会错误地对待她，并在心中留下不好的印象。

在包装自己的表情时，微笑是最重要的工具，亲切的笑容可以缩短人与人之间的心理距离，打破交际障碍，为深入沟通和交往营造良好的氛围。卡耐基就曾告诫过所有的女人："像蒙娜丽莎那样微笑吧，如果一个女人脸上永远挂着迷人的微笑，无论她生得多么丑陋，一抹微笑可以遮掩她后天的不足；在男人的眼里，她也足以和天使媲美。"英国著名诗人艾略特也说："她是怎么也看不厌的，她眼梢嘴角的笑容永远让人感受到新鲜和活力，永远让人惊艳。"

行动比语言更具有说服力。当你表情愉悦，你脸上的微笑就在告诉别人："我喜欢你，你使我愉快，我真高兴见到你。"而对方的回答也会是："我也很高兴见到你。"

# 仪态

除了表情以外，贵族举止的第二个包装就是仪态。肢体是会说话的，任何人的坐立行走的姿态本身就是一种无声的语言。作为想修炼贵族举止的女人，你必须问自己以下两个问题：

"我的三大姿态：走、坐、站到底如何？"

"我的举止总体上给人什么样的感觉？传达了怎样的信息？"

最好的办法就是找三两个真诚的好友，征询他们的意见，这比自己一个人苦思冥想要容易和准确得多。答案可能是："你站立和走路时两脚呈内八字"；"你坐着的时候喜欢把两腿叉开，让人觉得……"；"你给人的整体感觉是大大咧咧、风风火火，缺少女人的细致"……

其实，造成女性这些不雅举止的原因不外乎三类：对自己举止不在意，衣服不舒服，或者一些失态的小动作。

对于第一个原因，最好的解决方式是——从今天起注意自己的举止。走路时，抬头挺胸，收紧腹部，别拖泥带水。坐下时，别把全身的重力放在椅子前缘；也不要没完没了地挪动、欠身；别两手紧紧攥着手袋将其规规矩矩地放在膝盖上，这等于告诉对方自己很紧张，想马上离开；更不要把两脚外八字地敞开或者一上一下地抖动。正确的坐姿要求上身直挺，不弯腰驼背，亦不前贴桌边后靠椅背，上身与桌子、椅子应保持在一拳左右的距离，两肩平正放松，两臂自然弯曲放在膝上，两脚平落地面。而站立时，不能低头含胸，那会给人极端不自信和萎靡不振之感。充满风情的站姿是抬头、挺胸、收腹，这样能够很好地展示女人的优美曲线。女士们不妨选择一些举止优雅的女人作为模范，学习她们的各种举止。但需要注意的是，模仿的一定要自然，如果一个女人的动作非常不自然，那也是非常令人生厌的。本·琼森就说过："搔首弄姿地做出过分优美的动作，只能让人觉得你很做作、虚伪。"

至于第二个原因，女士们只要在选择衣服时多加注意即可。比如说，穿着又长又紧的裙子，可能需要碎步前进，关键是这是否符合自己的气质；太宽袖子的衣服，可能会妨碍工作；太窄的裙子，可能会让自己上下楼梯很别扭。夏奈尔说："穿了新衣，并不意味着优雅。"

有些服装会毁掉女人的举止魅力，有些行为习惯也同样如此，这便是造成女士举止不雅的第三个原因了。哪怕是打扮得非常美丽的女人，在公共场合如果做出一些有失仪态的小动作，也会让她失去好评。比如说咬指头，拽腰带，抻拉胸衣的带子，用化妆盒里的镜子检查牙齿状

况，在餐桌边梳头，从谈话的人当中穿过去，公共场合高声地打手机、说话等等。

虽然说，对于大部分女人而言，举止优雅、可爱得体是一个基本的要求。但这并不是统一的公式。罗宾·洛菲尔说："无论你干什么，都要留意你所在领域和环境中可被接受的程度。"如果某个女人的生活环境是一群流浪者组成的艺术村落，那么她的适宜举止就是跟他们一样疯狂，而不是刚刚讲到的优雅适度。

# 修炼谈吐，彰显智慧

在迪斯尼公司的动画制作中，除了绞尽脑汁地设计动画造型外，还要千辛万苦地为它们设计个性语言并寻找合适的配音演员——因为糟糕的配音会把前期的工作全部毁掉。所幸的是，人类生产出来的大多数产品并没有这么复杂，包装起来也相对简单，但作为高级动物中的精品——精致女人——则必须学会包装自己的谈吐。因为，不良谈吐足以在一瞬间毁掉所有人对她的好印象。

谈吐包装分为几个方面，首先是声音，其次是说话内容，再次就是一些当众讲话的技巧。

## 让声音穿透灵魂

如果一个女人的声音得到了很好的评价，她的魅力就会大大提高。

反之，如果这个女人的声音听起来不怎么舒服，也会在一定程度上有损她在别人心目中的形象。但遗憾的是，绝大部分女人都还缺乏这种意识，她们不知道如何巧妙地利用声音去征服别人。

20几岁的女人需要修炼一种符合自己形象和气质的声音。因为不同的声音给人的感觉是不同的：有的声音可以很职业化，有的声音可以很慵懒、很有女人味，有的声音可以很活泼、很轻快。

想要改变声音的女人，不妨先问问朋友对自己声音的看法，比如说："你觉得我的声音怎么样？""它好的地方在哪里？""它不好的地方又是什么？"听一听这些判断，然后修正自己的说话方式。罗宾·洛菲尔说："把你惯常的说话方式进行小幅的修正，看似简单，却能让你受益终生。"

提高或降低音量、加快或放慢语速都很简单——降低一个八度，会增加你所说内容的权威性并帮助你减缓语速；提高一个八度，则反之。难的是以下几个方面：如何在声音中制造出"磁性"来？听听播音员和主持人的声音就知道了，他们用胸腔发音，扩大音域——想不"磁"起来都很困难。如何让声音变得温柔和圆润？温柔，就是让你的声音"软"一点；圆润就是在音调改变的接轨处自然顺滑。如何添几分慵懒？把你的声音放低、语速慢下来，并想象自己正在半梦半醒之中。如何加一点"嗲"？让声音待在你的喉咙里绕一绕，只放七八分出来。

按照写下的计划进行改变吧。4周以后，你就会拥有自己期望的声音，身边的朋友肯定会奇怪："她怎么突然一下子有魅力了呢？"

## 一语惊人，过耳难忘

在两人对话的时候，大约有30%的信息是通过声音传递出去的，剩下的70%，还是说话内容的本身。而对一个女人来说，说话内容与她的生活环境、她的教养、她的学识、她词汇量的丰富程度都有很大的关系，需要长期的积累和熏陶。在侃侃而谈之前，女人们应该明白有些话是一定不能说的，比如一切不礼貌、攻击和冒犯他人的话；一切批评别人的话（如果你不是他/她的上司或还没有跟他/她熟悉到足够的程度）；一切乱七八糟、难登大雅之堂的街头俚语和方言（除非你圈子里全是这样）。

### 有效沟通的交谈方式

人际关系大师戴尔·卡耐基说过："你说话的内容很重要，更重要

的是你怎么说。"言为心声，语言是用来传递信息的，是用来沟通感情的，它有十分重要的意义。然而，怎样表达却是一个更为重要的操作性的问题。在交谈的时候，有一些很重要的技巧性问题是需要注意的。

■ 学会倾听，学会提问，并且提问对方感兴趣的东西。

■ 不要随意打断别人。

■ 在整个谈话过程中用2/3的时间看着对方，但绝不可以死死地盯着看。

■ 根据对方的谈话内容表达感情。

■ 发出一些"嗯"、"啊"的声音鼓励他继续说下去。

■ 学会避免"冷场"。可以找点相关的话题或故意"误解"他说过的一两句话，让对话进行下去。

■ 学会缩短距离。可以模仿对方的声音——声音的波长可以产生共鸣——你模仿得越像，对方潜意识里就越把你当成他的同类；还可以寻找双方的相似点，譬如说共同的兴趣爱好或某段经历；也可以点头并重复对方的话，让对方觉得你跟他站在同一条战线上。

■ 学会发出"惊人之语"。这里的惊人之语并不是指什么新鲜的、与众不同的观点，而是指令人叹服的口才和讲话方式，比如说能够清晰地表达自己的观点，会适时地幽默而不是戏谑。

■ 打造自己的口头禅。罗宾·伍德说："有一句口头禅不是错误，而是一个优势。"但前提是，这个口头禅要能表达一个人的美好品德。比如说"没问题！"就是承诺将每一件事都做好，久而久之，这就是工作能力的证明；再比如说"你真棒！"不吝啬对别人的赞美的人自然会得到别人的喜爱。

## 锻炼当众讲话的能力

对于很多人来说，"当众讲话"是比死亡还可怕的东西，对于女人尤为如此。大多数女人在接触到一个不认识的人时会感到紧张；处在一个全是陌生人的房间里时，就会把嘴巴紧紧地闭起来。女人并不一定都是主持人，但在生命的某个重要时刻，每个女人总需要当众讲话的，譬如说祝酒、向众人宣布某个消息、上台作自我介绍等。这种场合，当掌声响起时，女人们必须要知道该怎么做。其实"当众讲话"并不难，只要掌握两条要领即可：

第一，调适心理，把注意力从自己身上移开。这是女性紧张、尴尬和不自然的罪魁祸首，当女性不再过分关注自己的时候，她的勇气就会倍增，就会把注意力转移到听众身上。

第二，说话的时候，女性的声音要富有感情、具有煽动性，讲话内容的逻辑要清晰，肢体语言要自然洒脱。

# 培养生活品位

有人说"买东西的眼光能体现一个人的生活方式"，这话一点也不错。总有些人买东西的时候特别将就，随随便便买回一堆让人看起来就觉得没有品位的东西。而当这些东西被人批评时，她们就为自己找借口，比如说："那些高品位的东西太贵，我又买不起"，或者"我哪有那么多的时间逛街，差不多能用的就行了"。这些人，她们对待自己的工作和婚姻时差不多也是如此，"没关系，将就将就吧"，"那些好男人我又遇不上"……也许，有些20几岁的女孩会说，一个人的品位与拥有的财富是成正比的。只有富人才有钱去买昂贵的有格调的东西，只有富人才会有时间去逛商场，那么等到我有钱的时候品位自然就会提高。但是，罗马不是一天建成的，贵族般的高贵眼光和品位也不是一天就能铸就的。一个人平时就不注意打理自己的形象，就算有一天他"腰缠万贯"，也无法在瞬间让人看起来像个贵族。

20几岁的女孩，即使贫穷，也要锻炼自己挑选东西的眼光。当一个女孩能在一堆东西中快速找到适合自己的、品位独特又优秀的东西时，她们也会用高度的责任心去面对人生的各种选择，这样出错率自然就会减少很多。

## 低价位的东西也要认真挑选

一些女人常常会发出这样的疑问："为什么自己总是在不断地购物，并且购买的都是名牌产品，但关键时刻却总是拿不出件像样的东西？""为什么有些女人身上穿的那件从地摊上淘来的普通T恤，看起来却如此有格调？"二者的差异并不是价格，而是"品位"。

所谓的"好品位"，是指能够挑选出既适合自己又让别人看起来有品质的物品。一般来说，拥有"好品位"的女人会非常了解自己，如果找不到符合自己要求的物品，她们绝对不会打开钱包。她们不会因为贪图便宜而购买并不实用的物品，或者自己不十分满意的物品。因为她们知道，一件物品买回后，女人常常会淡忘它99%的满意之处，而只关注它1%的不满意之处，并因此而闲置或丢弃它。这不但浪费金钱，更不利于提升自身品位。

因此，拥有"好品位"的女人，即使面对廉价的物品也会认真挑选，将物品的价值发挥到最大。而要培养这种"好品位"，对于女人来说，常常逛逛商场、看看时尚杂志是必要的。

# Chapter 5
## 铺开你的人脉网

# 提高交朋友的眼光

所谓"近朱者赤，近墨者黑"，人在同别人交往时，也会慢慢成为像那样的人。因此，结交什么样的朋友，就直接反映了本人的眼光。每个人交朋友的标准都不一样，有的人喜欢同比自己差的人交往，在别人羡慕的视线中感受骄傲。但是聪明的女人一定会努力结交比自己更富有、更有能力的人。能够影响世界经济的犹太人有句民谚："贫穷也

要站在富翁的行列"。同样，就算是"灰姑娘"，她也始终生活在王族之中。这不仅是为了能使自己变得更强大，更重要的是能拓宽自己的人脉。有好的人际关系，就会有更多的机会选择好工作、好老公，在日后遇到困难时也能得到更好的帮助。如果一个女人只喜欢与自己熟悉的、比自己条件差的人交朋友，那么她获得进步的机会就会小很多，她的人脉的可用性也会小很多。

有些人对比自己强的人怀有嫉妒心和敌意，有些人把结交比自己强的人当作是在耍心计。其实，朋友就是应当具有值得自己学习的某些品质，这样才能相互学习，共同进步。因此，20几岁的女人不要总在不如自己的朋友中炫耀，你需要做的应当是提高自己的眼光，扎根于优秀的朋友堆中。

## 远离消极的人，靠近积极的人

从古至今，总是抱怨生活、批判社会的人，很少有人能真正实现自己的梦想。因为这些人总是挑剔他人的缺点，不仅不懂得反省、检讨自身的不足，还总是用"世事不公"来作为转嫁自己无能的借口。这样的人，不仅自己没有奋斗的勇气和力量，甚至还会将这种不满的情绪也传染给身边的朋友。对于20几岁的女人来说，这样的朋友要尽量远离，就算他们有优点，这些优点能带给你的影响也远远不及消极心态对你产生的不良影响。

相反，思想积极的人也许无法给你什么实质性的帮助，但是仅仅和他们在一起就会获益很多。因为，他们总是能看见世界上美好的事物，总是有足够多的勇气面对困难，总是能向周围散发他们的活力。和他们在一起的人，也会在无形中感受到一股力量。

卉卉最近心情一直不好，在公司里和上司起了点摩擦不说，还和交往3年的男友分手了。难过之余，她找到朋友青青诉苦。青青一边为她难过，一边也抱怨自己生活的不如意。就这样，两个人一起批评社会是多么的不公平，男友是多么的不可信任。但是，这并没有使卉卉难过的心情好一点，反而让她越来越觉得生活艰难。

一天，卉卉在街上遇到了大学时的同学小白。小白问起卉卉的现状，卉卉又将自己最近遭遇的事情向小白说了一遍。小白对卉卉说："与上司起摩擦是很正常的事情，之前我们公司的一个朋友也跟你出现了一样的情况，后来她巧妙地解决了这个问题，前两天还又升职了呢？"之后，小白又跟卉卉说了许多身边的朋友如何摆脱困难的故事。卉卉听完小白的话，突然觉得，其实自己的问题也并没有那么严重。

南仁淑说："周遭有愈多幸福积极的人，你的人生也会愈顺利。如果你要在尼采和阿甘中选一个人当朋友，那还是选择阿甘比较好。"

# 根据目标选择人脉

吐丝结网，这不仅是蜘蛛的事，你也能做。

——英国著名剧作家 本·琼森

　　蜘蛛，吐出一根根细细的丝，织成网，赖以捕食；渔夫，一针针，织成一张渔网，赖以捕鱼。蛛网是网，渔网是网，女人的人际也是网。跟前两者一样，女人的生活也离不开人际这张网。根据一项调查显示：一个女人，从她的生活伴侣、工作同事，到街角面包店的老板——她的一生大概会与500个人有着非常密切的联系——而她本人，就生活在这500人组成的网中。

　　每个女人的网都不一样，至于这个网络是好是坏，决定权在女人自己手中。女人是天生的编织者，她们让绒线在指尖轻绕，一会儿就编出一个能为自己所用的东西。但她们实在应当把这个技能应用到人际网络的编织上来，编出一件最温暖合体的"人际毛衣"。而这件"人际毛衣"的编织，大概需要分5个步骤：

## 定义 "核心目标群"

　　女人需要为自己的未来定义一个明晰的目标。这个目标定义得越具体，属于自己的关系网就越容易被联结起来，因为只要锁定与自己目标有联系的人即可。比如说：一个想出名的女演员，她需要锁定的人群是："能够帮助自己的导演、资深演员和一些富有而又不太花心的男人"；一个希望能升职的地产从业人员，她需要锁定的人群是："潜在的客户、房地产领域资深从业人员、潜在的男友"；一个希望能尽快结婚的人，她需要锁定的人群是："一定年龄范围、社会阶层和经济能力的男人，能帮助自己结识这种男人的其他人"。

　　此外，女人在"编织"自己的人脉网时还需要注意，一个女人的交际圈可以很广，但这对她可能没有任何意义。因为她缺乏核心的目标，这些人如果不能满足她的某种需要（含精神上的），实际上就是在无意义地浪费她的时间和精力。"普遍撒网"没有意义，女人需要做的是 "有针对性地撒网"和"有针对性地捞鱼"。很多女人都不明白这个道理，总是在抱怨时间不够用，却不懂得向那些天天缠着自己的朋友说"不"。

　　但是，女人也不能把交际的范围只锁定在自己的"核心目标群"上。要知道，有很多人虽然不属于"核心目标群"，但是他们具有导航的作用，会将"核心目标群"引出来。所以，女人在"编织"人脉网时还要培养一批"中间人"，这会大大地增加自己接触"核心目标群"的机会。

## 勇于参加正式的社交聚会

许多女人从小所受的教育，是当一个乖乖的淑女，这意味着她会很被动。这样的女人，常常羞于运用自己的交际能力，或是根本不愿展示自己的魅力。这样的做法应该被打一个大大的"错号"。一件产品，不被顾客看到，就永远不会销售出去；一个女人，如果不被人结识，就没法结识更多的人——这样做的结果，只会使自己失去更多的机会。

所以女人有必要出去参加活动——每个活动都会提供很多潜在的机遇，谁也不知道会在这些活动上结识哪些人——灰姑娘如果不去参加舞会，永远不会遇到王子。

但是，女人们在参加各类活动前，需要思考一下，"什么人会去参加这次活动？""其中我希望认识哪些人？""这些人对我结识'核心目标群'有什么帮助？""他们有可能喜欢哪些话题？""我应该以什么样的形象出现在他们面前？"思考完毕后，女人们还需要根据思考的结果做好外形上的准备，就像"灰姑娘"参加舞会之前精心地打扮自己一样。当一个女人做了最充分的准备，她的临场适应力就会增强，就可以根据环境迅速地调整好自己，得体而又出色地出现在大家面前，给参加活动的人留下难忘且美好的印象。罗宾·伍德说："如果你的'贵人'对你毫无印象，他怎么会在重要的时刻想起你呢？"

## 休闲时光也别放弃人脉"编织"

在休息室里，在餐厅里，在飞机候机室里，甚至是在美容院里，女人都可以结交给生命带来某种改变的人物——男友、志同道合的朋友甚至是生意上的伙伴。因此，除了正式的社交聚会，在日常的休闲时光，女人也不能放弃自己的人脉"编织"，尤其是在某些轻松的场合，比如说高尔夫俱乐部、酒吧等。因为从人们的心理来说，在轻松的场合，人与人之间最容易拉近距离。

几百年前，人们便开始在酒会上成交买卖，而现在人们则常常在休闲中心谈生意。在这些场合，女人最好抛弃自己是来休闲、度假的思想，把自己纯粹地当作是一个"与世隔绝"的人，一边享受着轻松的时光，一边像蜘蛛那样快乐地编织着自己的"网"。

## 不放弃"偶遇"的人脉资源

一个聪明的女人应当像情报工作者那样敏感，善于搜集能为自己所用的信息。这时，有一只善于倾听的耳朵和一个善于分析的大脑，是十分必要的。

艾米莉在等公共汽车的时候，听到一个中年女人坐在旁边的长椅上打手机。女人在电话里力劝那一端的人去报考航空公司的空中小姐，可听起来电话那端的人并不是太乐意。艾米莉知道偷听别人的电话是不好的，可是抑制不住心里怦怦直跳：以自己的个性，是最适合做这份工作的呀！中年女人挂断电话后，叹了口气，正要起身离去，公车已经来了，可艾米莉没上，而是迅速地走到中年女人的面前，向她道歉，然后礼貌地咨询有关报考的信息。女人很热情地帮助了艾米莉，并向她引荐了自己负责招聘的那位朋友。后来，艾米莉如愿以偿地当上了空姐。

当然，现实生活中，女人能像这样"偶然"地获取信息并不是那么容易，大部分的信息还是来源于自己已经建立起的人脉网里。但是，女人平时应当练就一身能够快速利用周围有用信息的能力，把握好每一个不经意间出现的人脉资源，要知道机会有可能稍纵即逝，而是否能够好好把握却可能关系到女人一生的幸福。

# 管理好你的人际档案

善于经营自己的人际网络，就能获得蜘蛛那样神奇的力量。

——英国著名剧作家 本·琼森

女人除了要做一个出色的人脉网编织者外，还应当是个出色的"网管"，即要能够像公司里负责维护网络的技术人员那样维护好自己的人脉网。人际关系的建立不是很难，但也并不容易，这些辛苦建立起来的人脉网，如果因为后期的缺乏管理而断了线，就会让前期的所有努力都白费。此外，一旦管理好现有的人脉资源，则有可能将其发展壮大。有句话说得好："谁在关系网中处理得当，谁就会认识更多的人，并且被更多的人认识。"

## 建立"网民"档案

成功的网管应当定期检查自己的人脉网究竟"网"住了多少人？他们是谁？有什么兴趣爱好？戴尔·卡耐基说："让一个人迅速喜欢上你的办法，就是重复他的名字、记住他的名字，而不是叫错他的名字。"如果再见面时想不起来对方的名字或叫错对方的名字，又或者发出的邀请函上写错了受邀人的姓名，这些情况不但会让自己陷入尴尬的境地，更重要的是会让对方非常不愉快。一个不注重这些小细节的人，很有可能会因为这些细节问题而毁掉自己当初在对方心中留下的美好印象。

为了避免这种情况，最简单的方法就是给每个联络者填写一份记录卡片。

那些"社交皇后"们，大多数都依赖这些小小的卡片，才能在每个人面前表现得"进退得宜"。这个卡片并不复杂，只要记录下在哪次社交活动或场合里结识了这个人，他叫什么名字，有什么兴趣爱好，自己对他感兴趣的地方等等即可。当以后有进一步交往时，只需要在"交往记录"栏内填上内容就行。日常生活中，闲来无事时可以随手翻翻这些卡片，加深每个人在自己大脑中的印象。也可以在与某人会面前，翻翻他的资料卡，将他的详细资料调入大脑的数据库中。

**社交记录卡**

| 姓名 | 性别 | 纪念日 |
|------|------|--------|
| 生日 | 联系方式 | 结婚 |
| 兴趣爱好 | | |
| 结识场合 | 我的兴趣点 | |
| 交往记录 | | |

建档日期：　年　月　日　　　　　　　建档人：

# 少一份功利，多一份真心

在这个功利的社会里，很多人交朋友都带着功利色彩，这无可厚非。人际关系心理学家早就说过："互利是人际交往的一个基本原则。"

女人需要结交对自己有益的朋友，这并没有错。但是，只要结交了这个朋友，不管他的境遇如何改变，不管他能不能对自己有实质上的帮助，都应当真心相待。否则，受伤害的除了是这个朋友外，更有可能是自己的人脉网。

　　这是因为，人的际遇有时会有很大的变化。我们绝不能因为他人一时的挫折就与其断绝来往，甚至落井下石。劳娜是一家贸易公司里勤奋能干的秘书，而她们的行政经理萨拉，为了生孩子而离开了公司，劳娜顺理成章地升到了萨拉的位置。这时，她的心里却在盘算着一个问题："还要不要跟萨拉保持联系呢？"其实，萨拉是个很棒的上司，为人友好，工做出色，还给过劳娜很多的帮助。但劳娜最终考虑的结果是断绝了跟萨拉的联系，毕竟自己已经坐到她的位子上了嘛！令劳娜惊讶的是：一年以后，萨拉又回来了，而且被升为全公司的行政总监——原来，她并没有离职，而是休了一段时间的产假。此刻的劳娜，感觉非常尴尬。

　　此外，这种做法很容易让自己背上"忘恩负义"或"不可交"的坏名声。一旦事情被传开后，这会成为你组建人脉网的过程中最具杀伤力的破坏因素。而女人只有在时机好的时候维护好人脉网，才能在不顺利的时刻获得帮助。没有人愿意与危难时刻离自己远去的朋友交往，而其他人也不会愿意帮助这样的势利女人。

　　因此，如果20几岁的女人碰到了类似情况，最好与朋友保持一份真诚而又简单的联络，如果能在力所能及的范围内伸出援助之手，则会让你在人脉间的美誉度提升很多。

## 建立联络仪式

联络仪式是指人与人之间的一种固定的联络方式。它并不需要女人衣着隆重、粉墨登场，有的时候只要动动手指打个电话、发个邮件即可。但是就是这么简单的动作，对女人维护人脉网所能产生的良好作用却是巨大的。正如玛莲卡所说："产生大影响的往往不是大事，而是点点滴滴、温暖人心的小事。"

辛蒂有个朋友叫罗依，他们结识5年，其间只见过6次面。但是，每个月末，辛蒂都会收到来自罗依的一封问候邮件。不论罗依漂泊到了地球的哪个角落，这份问候都从来没有间断过。这种固定的联络方式，让两个人的关系产生了一点点的不同。辛蒂知道罗依不管何时都没有忘记过自己，而且会在每个月末不由自主地期盼罗依的邮件。罗依成为了辛蒂除了丈夫之外，最愿意聊天的男人。这件事让辛蒂大受启发，她将这种"仪式"应用到自己的恩师、朋友和客户身上。渐渐地，辛蒂发现，自己和他们产生了一种很真挚的友谊，成为了对方生命中有点"特殊"的人物。这份特殊，不但让辛蒂在生活中更容易与他们相处，而且在遇到困难时也会得到来自他们的及时帮助。

大多数人都会对那种联系自己一次、冷却半年，一旦有求于自己又突然登门造访的朋友感到厌倦。所以，对于想要维护好自己交际圈的女人来说，不妨先审视一下自己有没有这样的做法。如果有，则应当尽快改正。

## 适时送上祝福

每个人都会忘记对自己来说不太重要的事情，但是却会牢牢记住对自己至关重要之事。一般来说，一个人如果重视另外一个人，就会自发地去了解并记住他的喜好、生日，甚至另外一些更加特殊的事情。每个人都希望自己能被别人重视。大多数人在生日那天，如果突然收到上次聚会时遇到的一个人的礼物或邮件祝福，都会非常惊喜！而这个人也会在他的脑海中留下深刻的好印象。

所以，一个人想要维护好自己的人脉网，不妨在朋友生日时送上一束鲜花或是发出一张电子贺卡，在朋友的婚礼或宝宝出生时也及时送上祝福，在同事获得成功时也别忘记祝贺……最终，他会发现，最大的受益者不是别人，正是自己。因为他不但有可能赢得他人的合作与好评，还可能收到别人同样的祝福。

# 善用自己的人脉网

所谓"一个女人三个帮"，女人的成功和精彩绝不是靠单打独斗拼出来的，而是依靠自己的魅力和能力吸引周围人的帮助而取得的。就像一个迅速走红的女演员，她需要一个好的导演、一个好的编剧、一个好的服装造型师、一个好的摄影师、一个好的宣传策划人员等等。

因此，一个渴望成功的女人，不应当羞于使用自己的人脉。虽然说对人脉的使用看起来像是在利用他人，但这种利用并不是坑蒙拐骗的伎俩，也不违反社会道德规范。而且，一个人在利用别人的同时，对方一定对这个人也有着某种期待。艾伦的同事罗宾先生，同时扮演着她的上司和老师的角色。在罗宾还没有成为艾伦的上司之前，他就对这位孜孜不倦的学生有着很好的印象。因为，艾伦总是有目的性地询问罗宾一些问题，两个人在吃自助餐时一谈就是两三个小时。罗宾给了艾伦很多工作上的指导和教诲，而他也直言不讳地告诉艾伦，在指导她的过程中，他领悟了许多指导下属更好工作的有效方法。

蜘蛛用好网才能捕捉更多的飞虫；渔夫用好网才能捕到更多的鱼；人也是一样，只有用好人脉网，才能又快又好地达到心理、情感或物质上的满足。

## 用好每个人的优点

在人脉这张网里，不同的人有着不同的优势，罗宾·洛菲尔说："如果你懂得利用每个人的优点，你就能得到自己真正想要达到的目标。"

世界上没有完美的人，每个人在别人眼里总有着这样或那样的缺点。很多女人往往只能看见别人的缺点，这是天生的嫉妒和小心眼使然。但是聪明的女人绝不会这样，她眼里的人往往都有着一两样可贵的优点——这正是她的聪明之处，因为她懂得这些人可以怎样为自己所用。对于那些在职场上摸爬滚打许多年的"前辈"，聪明女人会向他们求取与上司、同事或下属的相处之道；对于那些积极向上又守口如瓶的人，聪明女人会与他们分享情感，因为这样的人能在她快乐时跟着快乐、忧愁时分担忧愁、沮丧时给予鼓励！

## 拜托别人并不可耻

当前，许多年轻女孩放不下面子去拜托别人，总认为这是件丢脸的事情。但是看看那些随着年龄增长而"脸皮越来越厚"的妇女，买东西的时候，她们会毫不犹豫地拿走看中的赠品，甚至还会让卖家再送一份；她们也不再羞于请教别人，面对医生也能够打破砂锅问到底。这并没有什么不好，也并没有给别人带来伤害。

对于20几岁的女人来说，在不损害别人利益的前提下，如果能善于请教和拜托别人，则会提高自己做事的效率。比如搬运重物，自己一个人可能需要费好大力气、花很长时间才能做完，但是如果拜托有力气的男士，5分钟之内就能完工。请教和拜托意味着少走弯路，意味着更加积极地解决问题。因此，在人生中，如果想要更加快速地获得成功，那就应当"厚起"脸皮，学会拜托自己人脉网中的人。况且，20几岁的女人正处在妙龄阶段，她们的拜托一般人是很难拒绝的。

## 打开嘴巴的瓶塞

苏菲在晚宴上结识了一个男人，两人不自觉地就聊到工作上来了。苏菲介绍了自己的工作，并毫不隐瞒地赞美了公司代理的一栋海滨别

墅。男人也许不会心动，更不会购买；但他知道自己有个朋友正打算购买别墅，于是就很自然地向苏菲推荐了自己的朋友。不管苏菲最后的交易能不能达成，这都多了一个成功的机会。

这就是建立人脉网后，女人需要做的事情：当自己的广告商。这种广告是口头上的，不需要花费金钱的——根据广告学的教程，最有效的广告就是这样一对一地当面沟通。所以，一个人不论是正在找一份新工作还是在求购一台便宜的笔记本电脑，只要她并不明确地知道谁能够帮助自己，就大可以向别人"撒撒网"，其中说不定就有人能帮上忙。

邓肯说："别当个太守口如瓶的女人——如果那件事不值得你守口如瓶的话。"现实生活中，一个人有针对性地结识的那一群人，有的能帮上大忙，有的能帮上小忙。但不论是大忙还是小忙，前提是这个人得把自己的愿望告知对方，否则，别人想帮忙也无从下手！

# Chapter 6
# 打造职业品牌

# 做好自己的职场定位

喜欢你所从事的工作，并觉得它很重要——难道还有比这更快乐的事情吗？

——"美国报业第一夫人"

凯瑟琳·格雷厄姆

女人是一种感性的动物，容易在爱情的道路上迷途，更容易在职业的道路上迷途。罗宾·洛菲尔说："为什么会有人哀叹工作的不幸和人生的无聊呢？主要是因为她们正从事着与自己的志趣、个性相冲突的工作。"这样不但会使工作效率大打折扣，而且是一种浪费生命的表现。一个女人只有选择了适合自己的并且自己也喜欢的工作，才有可能在她的职业生涯中做到最好。而这不仅会给女性带来成就感和满足感，还能给她们带来丰厚的物质利益。女人们应当像道格拉斯·玛拉赫的那首小诗中描述的那样来为自己做好职业定位：

做一棵山涧里的小树，但要做最好的小树。

如果我不能成为一棵小树，那就做一丛小灌木。

如果我不能做一丛小灌木，那就做一片小草地。

……

如果我不能是一只麝香鹿，那就做一尾小鲈鱼——做就要做湖里最

*活泼的小鲈鱼。*

但是，当前仍然有许多迷失在职场中的女人，她们郁郁寡欢，需要拿起下面的"指南针"，为自己好好找一下出路。

## 在职场迷途的女人

一般来说，在职业道路上迷途的20几岁女人分成3种：

### 第一种，渴望工作的女人

有些女人把工作当作结婚之前的权宜之计，或者根本就不曾用心工作过，她们唯一的目标就是嫁个好男人。如果她们结了婚，真的快乐了倒也不错。但事实情况却是：有的女人整天待在家里，生活单调，便怀念起自己工作时的日子来——那时的工作使她们多么幸福啊！于是有的女人开始羡慕那些工作着的女人，觉得她们的人生真是精彩。当然，也不排除另一种情况：有些女人本来是快乐工作着的，后来由于结了婚，基于家庭的需要和丈夫的规劝，把工作重点转移到生儿育女、相夫教子上来，而从内心深处来讲，她们的心正像笼中的鸟儿一样，渴望飞翔。

这些女人，都不是真正快乐的家庭女人，而治好她们忧郁症的唯一办法就是：出去工作，而且是找到一份自己喜欢做的工作。

## 第二种，把工作当成"负担"而不是"享受"的女人

这种女人常常哀叹工作的无聊，对工作没有一点儿激情，但又不打算放弃，就这么平平淡淡地日复一日。但是既然工作了，为什么不能让它变得更令人快乐一点呢？为什么不让它使自己的钱包鼓起来呢？其实原因有两种：一种是有些女人在寻找工作的时候，根本没想过自己喜欢什么或不喜欢什么；另一种是这些女人考虑了自己想做什么，但不相信自己真的能够实现它们，只觉得自己能找到一份事儿做已经很幸运了。

这些女人应当找个时间好好想一想。每份工作投入的代价都是高昂的，一个女人投入了生命中清醒时间的2/3去工作，总得换回什么。而且同样的投入，为什么别的女人收获的比自己多呢？当前，越来越多的女人开始认识到了这一点。

卢茜大学时读的是热门的国际贸易专业——在别人眼里是幸运的，但实际上却是一种不幸——她并不喜欢商业上的事务。毕业后，她在一家外贸公司做了外贸助理，遗憾的是，她对这份工作不感兴趣。也不喜欢人与人之间的尔虞我诈，于是日子过得像和尚撞钟一样——得过且过。出于责任心的原因，卢茜依旧很努力，但成绩勉强及格，因为她对工作实在缺乏热忱。对此，卢茜自己也十分迷惘：她觉得自己搭错了车，却又不知道该在哪一站下。这种痛苦持续了相当长一段时间，终于她鼓足勇气寻求了咨询，专业的指导人员帮助卢茜发现了自我。摆脱迷惘后，她痛痛快快地辞了职，像卸掉了一个包袱一样，然后就去攻读自己喜欢的传媒方向的学

位。这只是第一步；接着，她在一家大报社从实习记者、记者、资深记者一直做下去，并利用业余时间攻读了传播学博士学位，后来又荣升为要闻版的责任编辑。

卢茜是幸运的，但不少女人却不那么幸运。她们没有勇气改变自己，总是抱着得过且过的心态，为了生存而在工作中煎熬，一点也体现不了自己的价值。这样的女人，应当像罗宾·伍德说的那样，从现在的"围城"之中逃出来，重新开创一片天地。

### 第三种，认为自己万能的女人

这种女人，她们认为自己干一行爱一行，什么都喜欢，什么也都能做。但事实是：这是自欺欺人。

安妮在一家出版社里任助理编辑，这是她的第二份工作，而且做得还不错，经常得到上司的嘉奖。她的前一份工作是化妆品公司的"美容顾问"，做得也不错。于是，安妮认为自己无所不能，如果让自己做秘书的行政工作，自己也能做得很好。而在此之前，自己读的专业是服装设计，还拿到了注册会计师的证书。安妮自然而然地骄傲起来——她觉得自己什么都能做，是个最能干的女人。对她来说，要把自己局限于某一个领域做事，那真是太委屈了——自己的兴趣可以在很多领域大有作为！于是她开始炒股，她觉得自己一定会通过炒股发大财，但出乎意料的是，这次尝试让她耗尽了几年的工作积蓄。

安妮的情况只是"万能女人"中的一类，还有一类是像凯蒂这样的。凯蒂准备考英国的ACCA证书。她的朋友本非常奇怪地问："你在澳大利亚不是读劳工法吗？""嗨，那时候选错了，现在是什么赚钱学什么。考完了这个，我打算再拿下'工程造价师'和'保险精算师'！"在本看来，这个踌躇满志的女孩已经变成了"考证狂"。"你真的喜欢成为会计师、造价师和精算师吗？"本进一步追问道。"什么赚钱做什么！"凯蒂回答。本不禁为凯蒂担心起来，担心她这样做并不能达到赚钱的目的。因为书本上的知识只是纸上谈兵，考到那个领域的证书和在那个领域做事完全是两回事。

安妮和凯蒂并不是真正"万能的女人",这种假象只是她们思想幼稚的一种表现。就算一个人的基本素质再高,她也不可能一个人承担几份不同领域的工作。因为即使她可以做几个领域的事情,她也不太可能会在这些领域内做到最好。这样的结果是,她们在不同的领域都比那些做到优秀的人差了一大截,成不了领域内的专家。因此,年轻的女性在刚踏入职场时,一定要严格地审视一下自己,找到自己最适合的领域。

## 找到属于我的那滴露

印度哲学大师奥修说过一句话:"一棵草食一滴露。"本意是一棵小草,得到上天降给自己的一滴甘霖就觉得足够吃了,言外之意是"贪多嚼不烂"。转换成职场的意义,就是每个人只要从事一种行当,得到的回报就可以让自己享用不尽。在地球上"驰骋"于职场的几十亿芸芸众生当中,你我都属于一棵小草,都需要找到属于自己的那滴露!

对于职场来说,露的凝结点=价值观念+爱好+天赋+技能。

上文中提到的卢茜,她在接受咨询的时候,发现自己还能够做点别的:自己天生对文字有很敏锐的感悟力,平常喜欢写写文章、投投稿(有几篇已经在报纸上刊载了,颇受好评);而且自己喜欢辩论,喜欢探讨各种观点;如果自己能对别人的思想产生影响的话,那种成就感远远比从一笔业务上赚点小钱要大得多!像她这种情况,记者这种职业是再好不过的了,可是,她却缺少一定的技能,即成为一名记者所需要的专业训练。于是，她便有针对性地去补充了。当这4项条件必备的时候，她的露珠也就凝成了。

20几岁的女人，是时候为自己寻找露珠了！

请好好地回答下面的问题，在符合自身情况的"□"里打勾。

### 问题一：你喜欢哪些工作？

| | | | | | |
|---|---|---|---|---|---|
| 律师 | □ | 教师 | □ | 护士 | □ |
| 演员 | □ | 木匠 | □ | 农民 | □ |
| 顾问 | □ | 舞蹈家 | □ | 化学家 | □ |
| 飞行员 | □ | 秘书 | □ | 推销员 | □ |
| 小说家 | □ | 音乐家 | □ | 艺术家 | □ |
| 歌唱家 | □ | 税务师 | □ | 演说家 | □ |
| 化验师 | □ | 汽车司机 | □ | 生物学家 | □ |
| 物业经理 | □ | 餐厅经理 | □ | 销售经理 | □ |
| 天文学家 | □ | 商科教师 | □ | 图书管理员 | □ |
| 社会活动家 | □ | 园林绿化工作者 | □ | 银行出纳员 | □ |
| 电器工程师 | □ | 服装设计师 | □ | 机械工程师 | □ |
| 物理治疗家 | □ | 银行查账员 | □ | 汽车修理工 | □ |
| 保险代理人 | □ | 法院速记员 | □ | 实验室技术员 | □ |
| 保险公司职员 | □ | 科学研究工作者 | □ | 电台/电视播音员 | □ |

### 问题二：你喜欢做什么？

| 编号 | 题目 | 自我判断 | | |
|---|---|---|---|---|
| | | 符合 | 不太符合 | 完全不符 |
| 1 | 我喜欢使用工具和机器。 | | | |
| 2 | 我喜欢学习、解决数学和科学问题。 | | | |
| 3 | 我喜欢创造性活动，譬如说艺术、戏剧、工艺、舞蹈、音乐以及有创意性的写作。 | | | |

| 编号 | 题目 | | | |
|---|---|---|---|---|
|  | 我喜欢帮助别人，譬如说教学、提供援助或咨询等等。 | | | |
| 5 | 我喜欢领导和说服别人，销售出物品和创意。 | | | |
| 6 | 我喜欢跟数字打交道，喜欢各种档案、成套的设备以及其他井井有条的东西。 | | | |

## 问题三：你的能力在哪里？

| 编号 | 题目 | 自我判断 | | |
|---|---|---|---|---|
|  |  | 符合 | 不太符合 | 完全不符 |
| 1 | 我善于使用工具、机械，绘制机械图。 | | | |
| 2 | 我善于理解和解决很难的科学和数学问题。 | | | |
| 3 | 我有良好的艺术才能，如创作、演戏剧、做手工等。 | | | |
| 4 | 我擅长教学、给别人做咨询、提供信息、看护病人。 | | | |
| 5 | 我擅长领导别人，推销物品和创意。 | | | |
| 6 | 我擅长系统、有序地跟数字和书面记录打交道。 | | | |

## 问题四：你怎样看待自己？

| 编号 | 题目 | 自我判断 | | |
|---|---|---|---|---|
|  |  | 符合 | 不太符合 | 完全不符 |
| 1 | 我是一个很现实的人，务实，脚踏实地，重视经验的积累（创造性不高）。 | | | |

| 编号 | 题目 | | | |
|---|---|---|---|---|
| 2 | 我是一个很聪明的人，喜欢科学，讲究精确。 | | | |
| 3 | 我是一个有艺术气质的人，想象力丰富，喜欢独自创造。 | | | |
| | 我友好，乐于助人，值得信任。 | | | |
| 5 | 我精力充沛，野心勃勃。 | | | |
| 6 | 我很有条理，喜欢按部就班地做事。 | | | |

## 问题五：你重视哪些事情?

| 编号 | 题目 | 自我判断 | | |
|---|---|---|---|---|
| | | 符合 | 不太符合 | 完全不符 |
| 1 | 我重视那些能够实际看得到和摸得着的东西，譬如说种植庄稼、饲养动物、建造房子等。 | | | |
| 2 | 我重视科学。 | | | |
| 3 | 我重视创造性的艺术，譬如说戏剧、音乐、舞蹈、原创的文学作品等。 | | | |
| | 我看重帮助别人和解决社会问题。 | | | |
| 5 | 我看重在政治、团体、企业里的成功——当一名领导者。 | | | |
| 6 | 我重视工作不出任何差错。 | | | |

女性千万不要小看以上问题，每一个问题其实都是对自己的变相

剖析：

## 解析问题二：你喜欢做什么？这是一个人的兴趣所在

兴趣是工作的最好动力，也是成功的催化剂，它能使你迸发出难以想象的活力；而一个你不喜欢的工作，却足以扼杀掉你的生活情趣。

——著名作家罗宾·伍德

在世界500强企业的面试题上，常常会有一些让人看起来与所申请的职位毫不相关、让人匪夷所思的问题。然而真是这样吗？面试主考官可没有那么傻。相反，这可以让面试者在毫不知情的情况下把主考官想要的真实答案告诉他/她。譬如说，主考官会问面试者有什么业余爱好，如果面试者说自己喜欢读书、看电影，可能就得不到市场推广经理的职位。而这个职位可能最终会给一个喜欢滑冰、冲浪和攀岩的人。这是受过职业训练的人做出的负责任的选择。因为，就算第一个面试者真的得到了那份工作，他不但不会幸福，说不定还会叫苦连天！因为从内心深处来讲，他并不喜欢那份工作。

所以，20几岁的女孩应当想一想在自己的各种爱好中，是否有什么共同点呢？在自己现在的工作或者准备参与的工作中，是否有某些个人爱好的踪迹呢？应当有才是。

### 解析问题三：你的能力在哪里？这是一个人天赋的表现

女人，往往被视为没有主见，因此自己做出选择，并且选出"符合自己天性"的工作尤为重要。

——英国著名剧作家 本·琼森

贝蒂·杰尔曼说过一句话："女人的天性注定她们的某些才学高过男人。"这没错，女人身上有许多男人没有的优势，于是就有人根据这种优势推断出女人适合的10大行业，譬如说出版、教育、演艺等。这并不是没有道理，但过于笼统，太缺乏针对单个女人的答案。有很多女人是适合教育的，但其中总会有人跟居里夫人一样喜欢的是物理，适合的是物理研究。

人与人是迥然不同的，有些工作只适合某些人；而要做好某项工作，这个人也必须具备某些天赋。在每个女人的成长过程中，都经历过"天赋"来撞击她的时候：席琳·迪翁在9岁时就梦想自己将来能成为一名歌星；女作家路易莎·艾尔考特在3岁时就会悲天悯人。所以，每个女人在发觉有什么东西与自己的心灵产生共鸣时，都不要随意放弃它。此外，20几岁的女人还要注意，并不是父母擅长什么，就会遗传给自己什么。这种说法是个大大的错误，只会影响自己的判断力。

### 解析问题四：你怎样看待自己？这体现了一个人的机能

仅有兴趣和天赋是远远不够的，职场女性还得考虑另外一个因素：自己是不是擅长。有句话说："宁愿做鞋匠中的拿破仑，清洁工中的亚历山大，也不要做不懂法律的平庸律师。"但很多女人不懂这点，因此吃了很多亏。

玲玲是个很喜欢学习语言的人，英语和法语说得都很棒，文笔也还不错，但她遇到了一个问题：她想成为一名法语的同传人员，可是这个愿望就是无法实现。她喜欢语言，也有这方面的天赋。为什么成功不了呢？原因有两点：第一、她的口译天赋并不是特别强，相比之下，笔头能力更强一些；第二、她学的有点晚了，她到33岁时才开始学，而同声传译，是最需要趁大脑记忆力好、反应迅速的时候开始训练的。基于对语言的喜爱，她迅速调整了自己：既然成不了一流的口译人员，就让自己成为一流的笔译人员吧！

玲玲是个能够及时醒悟的人，但并不是每个人都像玲玲一样。有一个流传甚广的小故事，说有一个面包师做的面包远近闻名，每天店门前都排着长长的队伍，等着购买面包。这个面包师对写诗很感兴趣，也有一点这方面的才华。有一天，他的一篇诗作突然被全国最好的诗歌杂志发表了。面包师飘飘然起来，于是把店门关了，改行当了诗人。可是，他的诗再也没被发表过，他也一天天穷困潦倒。直到他穷得要出去讨饭了，他还是没有放弃当诗人的梦想。当人们谈起他的时候，再也不用"面包师先生"来称呼他了，而是说："哦，你们说的是那个傻瓜吗？"

但愿20几岁的女人不要做这样的傻瓜！

## 解析问题五：你重视哪些事情？这体现了一个人的价值观

价值观是个稍微深奥的词。一个身手敏捷的人，选择的不是去马戏团表演杂技，而是在地铁上当职业扒手；一个善于射击的人，选择的不是去奥运会赢得金牌，而是进黑社会充当职业杀手。他们为什么要这样做呢？这样做究竟有什么意义呢？除了物质上的利益外，这还能给他们带来心理上的某种满足吗？如果能，这些做法就符合他们的价值观；如果不能，则就违反了他们的价值观。

价值观会赋予一个人的工作最重要的意义。如果一个人做着一份连自己都不重视、觉得毫无价值的工作，那么他自己就会很痛苦。所以，弄清楚自己感兴趣的东西背后的深层次的个性特质尤为重要。有些人觉得忙忙碌碌地教着一群小学生真是件浪费生命的事情，可是有些人却无比地热爱这项事业；一个喜欢画抽象的现代艺术作品并以思考为职业的人，别人会认为他是个神经不正常的疯子，可是他自己心里却说："那些肤浅的人懂得什么？"

人与人之间的价值观的差异是巨大的，但很难说谁上谁下、孰优孰劣。当某个人从事的职业符合他的价值观，他就会觉得愉快、充满激情，并且能长久地做下去。这样，才能将他自己的工作做到最好。

**分析完这四个问题之后，再回到第一个问题上：你喜欢哪些工作？**

可以看出来，这是后4个问题的凝结点。这个凝结点，首先把一个人的爱好和天赋考虑了进去，接着又考虑了他的技能能不能胜任，最后还考虑了这项工作究竟符不符合这个人的价值标准。可以说，整个回答问题的过程都是在帮助女性发掘自己，都是在帮助女性找到一种最适合自己、最令自己感到惬意的工作。

已经回答完以上问题的女性，不妨对照下面的解答内容，找找真正适合自己的工作。

和刚才一样，先不要看第一个问题。剩下的问题中评分标准是一致的：符合=3分；不太符合=2分；完全不符=1分。

然后，保持各个问题下的序号不变，再把各个序号下的得分加起来。譬如说第二题至第五题，序号"1"下的得分是：2、1、1、2、1，把这五个数字加起来，就是序号"1"的总得分：

1 = 7分　2 =　　　3 =　　　4 =

5 =　　　6 =

从得分中就能看出来自己最接近下列哪种类型的人。得分最高的那项，是职业选择应当考虑的那个领域；反之，得分最少的，则说明在那个领域里很难获得成功：

1=现实主义者　2=未来科学家　3=潜在艺术家

4=社会服务者　5=经营领导者　6=恪守常规者

女性可以根据自己的得分，了解自己适合的职业领域。如果你在某一序号下的分数比其他序号高得多，就意味着自己对那个序号所对应的工作非常有兴趣。譬如一个人在"4"上得分很高，而在其他序号上得分较低，就说明这个人对当个社会服务者比较感兴趣。当然也可能有如下情况：

■ 一个人在许多序号上都得了高分。这意味着此人是个精力充沛的人，对很多事情都很感兴趣，但有可能存在着兴趣过于分散的弊端，这会给职业选择带来很多困扰。

■ 一个人的每一项分数都不太高。这说明此人对一切都比较淡漠，而他适合在得分稍高的序号对应的领域下展开进一步的探究。

■ 一个人在两至三组得分都很高，这很正常。因为几种职业可能同时具备某些特点，而此人适合做具有这些特点的所有工作。

一般来说，一个人所从事的工作越接近他的个人类型，他就越觉得快乐。而20几岁的女人在选中了自己的类型后，可能还要面对一个问题：类型只是个大范畴，那么如何挑选具体工作呢？这就需要女性从适合自己的类型下选出自己想做的那一种（或几种）。下面以女性容易成为的"潜在艺术家"为例：

## 潜在艺术家适合的职业

| 文学艺术 | 视觉艺术 | 行业设计 | 戏剧舞蹈 | 音乐 |
|---|---|---|---|---|
| 传记作者 | 建筑师 | 室内设计 | 演员 | 作曲家 |
| 编辑 | 漫画家 | 景观设计 | 舞蹈指导 | 合唱指挥 |
| 社论作者、主笔 | 商业设计师 | 画家和雕塑家 | 舞蹈家 | 唱片音乐节目主持人 |
| 剧作家 | 网络出版人 | 摄影家 | 导演 | 音乐家 |
| 诗人 | 平面设计师 | 影视摄影师或编辑 | 乐队指挥 | 歌手 |
| 作家 | 插画师 | 制片人 | | |
| | | 电视或电台播音员 | | |

对于其余的个人类型，这里只列出了一个简单的表格，女性们可以根据自己所处的环境再进行细分和选择。

| 序号 | 类型 | 适合职业 |
|------|------|----------|
| 1 | 现实主义者 | 工程师、操作x光的技师、飞机机械师、无线电报务员、自动化技师、电工、鱼类和野生动植物专家、机械工、木工 |
| 2 | 未来科学家 | 科研人员、科技工作者、实验员、数学家、物理学家、化学家、植物学家、动物学家、科学报刊编辑、地质学家 |
| 4 | 社会服务者 | 外交工作者、教师、学校领导者、导游、社会福利机构工作者、社会群众团体工作者、咨询人员、思想工作者 |
| 5 | 经营领导者 | 总裁、各级总监、管理者、政治家、律师、推销员、批发商、零售商、调度员、广告宣传员等 |
| 6 | 恪守常规者 | 会计员、统计员、出纳员、办公室职员、税务员、秘书、计算机操作员、打字员、成本核算员、法庭速记员 |

20几岁的女孩需要做这样的测试，这并不意味着要根据答案改变自己，而是要学会激发自我意识并使自己更诚实地面对自己，让自己的职业选择与核心价值标准、爱好相一致。

美籍伊朗人阿曼达·艾哈迈德在一所著名的大学任历史系讲师——她读的就是历史专业，拿到了博士学位——在别人的眼里，已经是很棒的了。可是阿曼达却很痛苦：当个教师太局限了，满足不了自己汲取知识的渴求。在一次偶然的机会中，她充当了接待访问团的阿拉伯语翻译。这次经历让她欣喜不已。除了历史之外，现实社会还有这么多的问题！尽管有那么多自己不熟悉的词汇，她还是靠着事前精心的准备应付过去了。事后，阿曼达犹豫不决："到底要不要成为专职的翻译呢？"在这种情况下，她进行了专业咨询，得出的答案是这样的：

| 兴趣： | 喜欢汲取新的知识，对翻译这项时刻需要学习的工作非常"感冒"。 |
|--------|--------|
| 天赋： | 喜欢语言，并且反应迅速，语速也较快，而且天生的学习能力和记忆力强，从来不怯场。 |

| 技能： | 幼年在伊朗长大，14岁移民美国，两种语言娴熟并能自由转换，对其背后的文化差异也有深层次的理解，基本上可以胜任。 |
|---|---|
| 价值观： | 热爱帮助他人，喜欢服务社会，觉得能够促进两种文化的沟通交流比什么都重要。 |

　　这样的答案让她下定决心，辞掉教职。从教师到翻译，阿曼达始终是个社会服务者，不过工作内容换了，换成自己更喜欢的了。10年过去了，今天的阿曼达经营着自己的公司，开展翻译和咨询两项业务：一方面是促进美国和阿拉伯世界的直接沟通，一方面向赴中东的美国人提供跨文化交际方面的服务。此外，她还一直坚持不懈地进行历史和文化等方面的研究，并因而成为美国和中东相关问题的专家，一有中东国家代表来访，政府部门就会把她请过去。

　　阿曼达的成功不是偶然的，她找到了自己的露珠。她从事的职业是自己喜欢并力所能及的，也与自己的价值观相吻合。而这些又给了阿曼达前进的动力和勇气。

　　一个人对职业的选择可能要经历一个充满了痛苦的摸索过程，需要仔细斟酌后才能做出重要的决定，但这是赢得职场上的成功所必须的。如果20几岁的女孩能为自己在职场上找到一个合适的定位，那么等待她的可能就是"平步青云"；如果她无法找到一个合适的定位，那么等待她的依旧可能是苦苦挣扎。

　　现在，每个女孩不妨都写下自己的职场定位，并且在写完之后思考两个问题。第一，在这种定位下，自己的职业发展是什么样的？第二，这种定位跟自己最初的设想是否一致？是否需要根据现在的定位来调整自己的形象和人脉关系网？以便让它们更好地服务于自己的职业。

## 做出自己的职业核心承诺

每一个国际知名品牌都会对消费者做出承诺。

■ 夏奈尔："只有女人才真正了解女人。"

■ 耐克："企业、公民的榜样，心系世界大家庭。"

■ 可口可乐："为全世界解渴。"

■ 迪斯尼乐园："寓教于乐，启迪儿童。"

■ 索尼："让你美梦成真！"

■ 诺基亚："联系人们。"

■ 玫琳凯化妆品公司："为女士们的经济独立、职业生活与个人实现提供无可比拟的机遇。"

■ IBM公司："实现世界的网络化，改变人们工作、交往、学习及商务往来的方式。"

每一个国际知名企业都会把自己的业务界定在一定范围内。有的人可能会反驳说："那些大的品牌，譬如说惠普、GE，不都在实行分散化经营吗？"企业的分散化经营是为了分散风险，经营范围再广的企业也必定有一两个拳头产品，它们80%的利润也通常都来自这一两个产品。对于个人也是一样，这是一个专业化、分工细的年代，"特长生"要比"全才"更实用。因此，一个想要在职场获得成功的女人，也应当有属于自己的核心竞争力。

根据经济学上的一个概念，人都是"经济"的，他们在考虑问题时总以自己的利益最大化为原则。所以，女人给自己的职场定位之后，最重要的事情就是告之别人："我能为你做什么"，或者说："你能从我这儿得到什么"。

告之的工作不需要太复杂，一个推销员如果讲了20分钟别人还搞不清楚他到底在说什么，即使手里拿着再好的产品，别人也不会购买的。这是一个讲究效率的时代，请不要考验人们的耐心。罗宾·伍德先生的一个律师朋友是这样做的，她的名片上印着："帮助他人达到他的目的。"就这一句话的承诺，简单却又言简意赅，既说出了她的工作性质，又阐明了她对委托人应尽的义务。

每个职场女人都该有这样的核心承诺，它反映了一个人的个人使命、职业特色，并准确地传达给对方他/她的受益点。所以说，这句话虽然简单，却需要千锤百炼，既要时时刻刻地提醒自己，又能让目标顾客群一下子就能明白。丹佛市安科金属集团公司的董事长安娜·加西亚是这样说的："钢铁不仅是我的事业，更是我的遗产。"她用这句话来提醒自己的工作在她整个生命中的位置。从客户的角度来看，他们会对安娜追求的境界一目了然，同时也肃然起敬。

然而值得注意的是，既然是承诺，那么许诺者就要有实现这句话的能力，如果自己打破自己的承诺，那无疑是在自毁招牌。《华盛顿邮报》的品牌使命是"读者有知情权"。为此，在董事长凯瑟琳·格蕾厄姆的领导下，这份成长中的报纸不惜跟美国政府打官司，刊登了美国参与越南战争的真实情况；也不惜顶住尼克松"我不会让它有好日子过"的威胁，揭出了"水门事件"的老底。这两件事情也奠定了《华盛顿邮报》在美国乃至世界上不可或缺的重要地位。

所以，在女性职业发展的历程中，可以先不许下空头的承诺，而是随着职位的提升和个人能力的增强，一步步扩大核心承诺的范围。

# 推销自己是职场制胜的法宝

海蒂有一位朋友向她抱怨公司对她的不公平待遇。她在那里工作了

3年，一直做着内勤工作。事实上，她想去做外联，这一点她的上司也知道，但却始终不给她机会。她觉得在这里工作无望，应该换个公司，开始做自己想做的事情。而这个朋友的上司恰巧也是海蒂的朋友，他私下里告诉海蒂说："不是不给她机会，我是担心她出去会破坏公司的形象。说实在的，那个女人长得并不丑，只是太不会打理自己了。而且她平时连推销自己都不行，更何况是推销公司呢？"

女人想要在职场生存就必须了解职场的游戏规则，而包装自己和推销自己就是最重要的两条。

## 学会包装自己

当一个女人给自己做好了职场定位，并且提出了核心承诺的口号后，便是要考虑该怎样从头到脚地包装自己的时候了。德阿里奥夫人说过一句话："只有两种人衣冠不整而又被人们原谅：天才和富翁。"如果一个人既不是天才，又不是富翁，还是应当注意一下自己的形象！虽然很多关于形象的内容在前文已经提及，但职业形象毕竟是较为特殊和重要的一种，而且它的打造也有着许多独特的规则。

### 简历

简历也需要包装，因为它是一个女人迈入职场的

敲门砖。有时候文学作品里对某个人物的描述，会让我们眼前情不自禁地浮现出这个人物的形象来，这样的描述就是成功的。同样，简历就是你对自己的描述。如果一个人的简历没有准确地、很好地表现自己，那样就很难打动别人。女人在制作好简历后，不妨问自己几个问题："这份简历，是我能做到的最好的吗？""它能最好地展示我自己吗？""一个陌生人读了它，眼前会浮现出什么形象？"或者也可以将它改个姓名，拿去问一些不太熟悉的朋友。如果朋友判断出的这个人与现实的自己有很大的差距或并不如现实中的自己那样优秀，那么自己就应该给简历"大动手术"了。

一份出彩的简历应当能体现本人的个性特点，如"我叫戴高乐，从我的名字里你就知道：我流着高卢人的血液！"（法国人是高卢人的后代，戴高乐的名字当中有一个词就是"高卢"，翻译成中文时被译成了"高乐"。）同时简历上最好还能够体现本人的卓越技能，如记者苏珊娜在自己的纪实著做出版时，在"作者简介"下面加了一条："法语、西班牙语、HTML语言流利。"而对本人不凡经历的展示也是简历上比较出彩的一笔，如动物学博士古那姆在写完自己格式化的教育背景之后，又加了一条："幼年去非洲考察过，跟狮子、豹子、老虎一起嬉戏。"

戴高乐的话显示了他非常爱国；苏珊娜的介绍，展现了一个智慧、知性的环球记者形象；古那姆的话展示了自己的幽默、开朗以及在某些领域具有的异于常人的天赋。杰出的剧作家，总能写出一个最普通的人不凡的一面。做简历的时候也应当如此。如果一个人除了格式化的"教育背景"和"工作经历"以外，再也写不出一点精彩的东西，这个时候不妨请别人帮帮忙。

## 装扮

本·琼森说："在工作场合，从男人的角度看，穿女式套装、佩戴必要的首饰、打扮淡雅的女人，比穿'迷你裙'、浓妆艳抹、穿牛仔服的女人更有魅力。"埃斯泰·劳德说："如果你对每天的职业装扮都像当新娘子那天那样重视，你离成功就不远了。"

■ 装扮原则。工作的女人必须从早到晚都显得清爽、干净、整洁、有条不紊，因此以下的服装是应该竭力避免的：褶边、印花面料、过轻而容易起皱的面料、色彩张扬的衣服、粗糙的毛织品；过短、过长或过窄的裙子；其他一切显得粗俗和过于标新立异的东西。

■ 装扮细节。女士职场着装必须有很好的设计，完美的剪裁，而且还要方便活动。在此基础上，如果能给自己化上淡妆就更好了。此外，首饰要尽量少戴，而且不能选择廉价的和花花绿绿的，一条贴身的铂金项链和一只质量较好的手表是必需的。工作中，中跟的皮鞋稳重、踏实，且容易和不同的职业装搭配，是职场女士的最好选择。而手袋同首饰一样也不要选用花花绿绿的，选择设计简洁大方，做工精细，能容纳女士的签字笔、手机、纸巾、钱包、化妆盒等物的即可。如果女士有必要携带大份的文件，可以利用一个文件夹，而不要让塞得鼓鼓囊囊的手袋影响优美的身体曲线。

■ 符合行业特点。一个职业女性的外表包装还应该符合自己的行业特点：一个艺术家的职业包装和一个客户代表不同，一个客户代表的包装又和一个送外卖的不同，一个送外卖的又和一个会计师的不一样。

■ 根据所接触之人进行调整。如果有一个崇尚休闲的上司，那么就没有必要天天打扮得整齐严肃；如果谈判对手欣赏有女人味的女人，那么就没有必要打扮得过于干练。如果约好了陪客户一起去打网球，即使那是为了工作，也不要把职业装穿过去。海轮有一次和伍德先生一起参加德国驻美使馆文化处发起的一个学术活动。伍德收拾完毕后，突然递给海伦一个东西，并说："把它戴上。"海伦一看，原来是枚小小的德国国徽，再看看伍德，早已经将其佩戴在身上了。

## 言行

心理咨询师安娜有一次接待了一个在职场上屡遭解雇的女人。这个女人非常不明白，她说："我的工作能力完全胜任，而且从来不迟到早退，为什么要开除我？"之后她详细地描述了自己工作时一整天都在做什么。听完之后，安娜发现问题了：这些工作内容并不需要占用一整天的时间呀！安娜在进一步追问后终于知道，原来这个女人在上班时间跟男友聊天、打游戏，跟女友煲电话粥，或者是无所事事地嚼泡泡糖。而这些行为非常不适合出现在工作场所。

任何想在职场上升迁的人都应该问自己一个问题：老板喜欢什么

样子的员工？一个职员还没有"成名"的时候，可能没有多少机会被高层的上司认识，而你的不良举止却会被偶然"视察"的老板们看见。所以，一个合格的职场女人还必须学会"包装"自己的举止。以下几种不良行为是绝对不能有的，不过，如果公司是自己父亲的，那则另当别论。

■ 职场女人应该带有一定目的性地大胆前行，如果她的工作要求她经常出入别的办公室，那么最好也养成一个随手带些材料或者文件夹的习惯。这样的举动不仅不会让两手闲着，而且所表现出来的讲求效率的形象，也会得到赞许。

■ 一个人郁闷或焦躁的时候，脸色也许会变得不那么好看。如果是一个人待着，这不要紧，但是如果是正在与客户打电话或和客户谈生意，则应当调整态度、打起精神。千万不可轻视人生这短暂戏剧中的每一个"出镜"机会。脸上表现出兴趣，身上表现出活力，保持良好心情，这就是一种职业风度。

■ 职业女性千万不能表现得像个弱者，因为那样别人就会把你当成弱者看待。人性中有同情弱者的倾向，但也有欺负弱者的习惯。在竞争激烈的环境中，"可怜虫"的角色只会让一个人无足轻重、被别人踩着往上爬。即使是办公室里最善良的人，如果有人一味地纵容他/她的话，他/她也会养成欺负人的习惯。

■ 不要成为"牢骚女王"，办公室里不适合抱怨。因为你对当前公司的任何抱怨和说老板的任何坏话，都会传到老板的耳中去。

## 名片

现代社会，名片似乎已经成为了职场人士的必备之物，是人们相互交流的工具。比较知名的公司总是要求员工使用统一的名片，名片上印制有本人姓名、公司名称、logo、色彩、口号等。此类名片除了姓名、头衔、联系方式等可以改变外，其他设计基本不能变动。但如果是自己创办了工作室或事务所，则需要全面地思考一下名片的设计。比如说，用哪种纸张？摸上去手感怎么样？需要哪些文字？用什么字体和颜色？我的名片上应该印什么样的头衔？

一般来说，名片的质地不能太差。因为，名片是本人的代表。当人们看到一张粗糙劣质的名片时，绝对不会想到一个整洁、大方、有品位的女士，他们只会觉得这个人以及他所就职的公司并不能够完全信任。相反，当他们看到一张精致的名片，会对这个人和他身后的那个机构都有良好的印象。而除了名片之外，一些工作室的信笺、宣传资料、赠人的小礼品也是一样。

### 工作环境

一个人的工作场所也是他包装的一部分。工作场所并不仅仅是公司，也可以是店铺、机场、学校、家里，甚至是网络空间。在这所有的工作地点中，女人自己能控制的一般是自己开的店铺、自己的办公室以及网站。

■ 店铺：一方面售卖的是产品，一方面售卖的是环境和文化。那些成功的店铺并不仅仅是产品质量好，往往还带有自己的特色：装饰特色和经营特色。最好的装饰特色要顾及两方面因素：一是贴近所售产品的个性，一是贴近店主的个性。

■ 办公室：从大办公室里的一张小桌子、小隔间，到单独的办公室，都不可随便轻视。一张堆满旧报纸、凌乱纸张、空咖啡杯的办公桌所传达的"信息"，一般来说等同于生活习惯差、工作效率低。对于大多数女人来说，当为自己选择今天该穿什么时，你会非常精心；但办公场所却很少会有人去打扫，实际上那是你个人形象包装的外延。我有一次应邀到投资分析师海伦那里去，而她恰好被一个临时的电话会议叫走了。我一个人待在那里，打量着四周：墙上挂着一个非洲女人的木刻头像，黑色的椅子上有一只纯色亚麻的靠垫，桌子上有一只小巧精致的红色咖啡杯（当然还有电脑和那些文件表格），地上有几大盆鸢尾花……我已经大致判断出她的形象了：爱穿深色的衣服，简洁干练但并不刻板，骨子里带点艺术气质，很有生活情趣。我对这样的知性女人具有天生的好感，可以想见，当她进来以后，我们的谈话会是多么愉快。

■ 网站：这里的网站不是"雅虎"、"电子港湾"那样的大型门户网站，而是个人网站。这个网站需要自己亲自设计，就算一个人不懂得建设网站的具体技术，他请求别人做出的网站的整体感觉也要符合他自己的审美观，与本人的整体形象保持一致。如果是个喜欢绿色、气质清纯的女孩，那么这些因素也应该反映到自己的网站上，让真实的自己"跃然网上"。不过，如果网站是商业性质的，则需要根据销售内容确定主打风格。

## 学会推销自己

一个职业女性如果能成为一个行销女王，让所有接触过自己的人都佩服、肯定自己，那么她的成功机会自然就会涌现。当好行销女王，不但需要将前文中的各种努力，如职场定位、做出职场核心承诺、自我包装落到实处，还需要开动脑筋，做一些其他努力。

### 明珠，不能暗投

一个名叫珍妮特·隆戈的美国女人，是个颇具才华的青年画家。

有一天，她接到巴黎一家画廊的电话，邀请她去参加画展，于是珍妮特就开始了她的艰苦之旅：首先，把她的画从玻璃框里取出来，包装好，然后空运到巴黎；同时，在巴黎委托人订做一批框架；当她本人到了之后，再把画取出来，装进框架里去。而画展结束后，她还要将画拿下、打包，然后运回。珍妮特之所以不辞辛劳地这样做，是因为这家画廊展出过毕加索的作品，展出过马蒂斯的作品，能被它选中的画家并不多。

同样的画，在不同的地方展出后它的价值是不同的。人也是如此，在不同的公司工作后，他的价值也是不同的。一个在GE做人力资源总监的人，和一个在小公司做人力资源总监的人，身价可谓天差地别。在百老汇剧院里表演的人，和在街头小酒吧里表演的人地位也是判若云泥。一个小演员，如果把自己交给了斯皮尔伯格那样大牌的导演，那么很可能一部片子就能迅速蹿红；一个房地产从业人员，如果进入了全国最好的房地产经纪公司，那么他就会结识业内精英以及高质量的客户。因此，每个女人在选择工作时，都要把自己当作一颗明珠，千万不要随随便便地把自己交到一家公司的手里，而应该为自己选好主人，找一个能让自己不断增值的公司。

个人在职场上的价值永远离不开雇主的品牌。一个具有震撼力的雇主名字，亮出来就可以说服好多人。20几岁

的女人如果从一开始就选对了"主人"，她的成功之路可能就会少拐几个弯；反之，如果她"遇主不淑"，几年后只会把当年想成功的锐气全部磨光，然后变成一个工作平庸、没有特色和闪光点的女人。为了避免这一点，20几岁的女人可以根据自己的职业定位，想想进入哪些公司有较大的发展余地？

可能有些女人会比较悲观地想："列出来有什么用？人家不一定会要我。"要知道，不懂得为自己争取机会的女人，永远也不可能被机会青睐。乔伊斯是一名出色的会计师，在一家会计事务所里工作了6年。她一直不敢去申请大公司的会计主管职位。后来，在家庭遭遇经济风暴时，她鼓足勇气向卡特比勒公司投了一份简历——她被选中了。

其实，即使没被选中也并没有什么关系。被拒绝了一次，不意味着永远被拒绝。聪明的女人会在被拒绝后弄清楚自己为什么会被拒绝：是工作能力不足？是不符合企业的文化？还是其他因素？然后有针对性地去弥补和改正。一个申请了8次才进入一家公司的人，不会被任何人看不起；相反，公司里的其他人可能早已为他人格中的坚韧所折服了。

## 吸引买家

吸引买家有3个步骤，分别是：制造卖点、打探买家和巧妙征服。

### 制造卖点

一个年轻人指着一块大石头跟别人打赌说："我可以把这块石头卖到10万美元，你们信不信？"结果没有人相信。而青年果然以这个价钱卖了石头，原来他卖给了雕刻家去制作某个名人的头像。虽然现实生活中没有这么夸张，但是每个希望推销自己的人都要知道：自己在卖什么。对于那些已经有工作经验并在某个领域已小有名气的人来说，她的卖点已众所周知——她不会再从底层做起，而是一进入新环境就受到重视。但对于刚入职场的20几岁女孩来说，这是一个很大的问题。有必要花点心思给自己提炼出卖点——像那块石头一样，找到了卖点，身价就会提升十倍、百倍。

女孩们不妨思索一下自己身上的独门绝招：是计算机应用得出神入化，还是拥有独特的设计创意；或是精通三门外语；又或者是拥有一项环保专利。实在找不出什么"独门绝招"的女孩，还可以审视一下自己，问一问：我有没有什么优点？诸如个性上的、爱好上的。

苏菲·艾伦在刚刚毕业时，给自己总结的卖点中有两条个性上的：责任心极强；不服输。后来，这两条深深地打动了她的买家。此外，苏菲还在一个卖点上大做文章：卖"新"。按照常理，没有工作经验不是一种缺陷吗？是的，很多公司都很重视工作经验，但是也有很多公司在寻找"新鲜的血液"，因为新人中很可能会跃出几匹黑马来。

另一个大女孩辛茜亚，不像苏菲这样自动自发地利用起自己的"新"来，而是为自己缺乏经验而深深地自卑。后来心理咨询师建议她以自己的新鲜视角大做文章。因为新东西总是吸引人的，人事经理们都知道，新人比有工作经验的人更急于证明自己，因而最为努力。辛茜亚的确缺少一点经验，可是她却有更好的东西能够拿得出来，比如：天赋、观念、态度以及全力以赴的态度，这些都足以弥补工作经验的不足。

因此，职场女人们在推销自己、制造卖点时，除了学会寻找和放大自己的优点外，还应学会弥补缺点，或巧妙地将缺点转化成优点。

### 打探买家

迪安想申请一个跨国贸易方面的职位，这个职位隶属于GE公司（照明部门）。她非常渴望得到这个职位，为了避免面试失利，她是这样做的：

1. 上GE公司的网站，打开"GE照明"的页面，详细阅读上面的信息和动态；

2. 阅读《行业准绳》、《商业周刊》、《财富》等杂志，寻找有关GE的文章；

3. 搜索GE照明部门高层领导接受媒体采访的讲话和发言；

4. 打电话到GE公司索取相关资料；

5. 咨询自己在GE（医疗部门）工作的朋友，让他描述GE的行事风格与文化，并设法搞清楚谁有可能是自己的主考官；

6. 了解主考官的个人情况：驾哪个牌子的车，喜欢到什么地方去度假，爱光顾哪些酒店；

7. 在每晚睡觉前阅读GE公司最伟大的CEO杰克·韦尔奇的自传。

迪安之所以这么做是因为她坚信一点：面试就像考试，前期准备做得充分一点，得高分的把握就大一点。所谓，知己知彼，百战不殆。一个人面试前花点时间了解对手是必要和值得的，因为只有通过了"考试"，她才能有施展才华的舞台，才能够借助雇主的品牌来实现自己的品牌。

### 巧妙征服

面试最重要的是征服考官。任何一本求职书中都会教求职者要穿好职业装、不要迟到等等。这些只是最基本的要求。彼得·雷蒙托说："你必须使对方相信：你有一种特殊的东西是他所需要的。"那么，作为应聘者来说，最起码应当先了解主考官希望看见什么样的应聘者。正如本·琼森所说："在你尽力吸引观众之前，务必让大脑来个180度的大转弯，从对方的位置来考虑问题。"

一般来说，主考官最不喜欢的是一点自信都没有的应聘者。事实上，不合时宜的谦虚和过分良好的家教，都会成为女人成功之路上的障碍。阿曼达在回忆她刚刚出道、应聘工作时的情景说："我在一家修道学校呆了12年。结果，当我开始推销自己的时候，每当有人跟我说话，我就鞠起躬来。我一再地道歉，假如我发高烧，我就说对不起；假如我的老板发高烧，我也说对不起；如果外面下雨，我还是说对不起。"阿曼达的谦虚和礼貌并没有赢得人们的赞赏，相反，人们却总是认为她能力不足所以不够自信。后来，阿曼达在咨询他人后终于醒悟过来，她一点点地调整自己，也一步步地成功起来。现在她已经是一家著名公司的高级职员。

在市场上，顾客们总是追捧那些自身就很有"自信心"的牌子。那些成功人士，无论是男人还是女人，他们看起来也都是信心百倍。这种信心，对人们来说意味着强烈的吸引力和感染力———一个人如果面对的是具有自信表情的律师，他会相信："他/她能够帮助我达到目的。"也就是说，一个人要想得到别人的信任，首先得信任自己，这样才能让自己看起来值得别人相信。

主考官最爱录取的人，是能被他/她记住的应聘者。被人记住的人有两种情况：要么是给别人留下难以磨灭的好印象，要么是给别人留下恶感。当然，这里讲的是好感。曾经有一次，可莹去德国参加一个业内的会议，一个其貌不扬的年轻女孩做她的翻译，小姑娘翻译得非常不错。临别时，她给了可莹一张名片：上面是她自己的卡通造型，耳朵和嘴巴画得夸张一些，图片下面有一行小字："上帝要我多听多说"，而头衔是"专业翻译"。可莹深深地记住了这个名片特别的小姑娘，回国以后，每当有朋友去德国，她就会向他们推荐这个女孩，并说："这是我见过的最好的德语翻译！"

有的时候，打造自己的特别之处就是提高自己的能见度，就是加深自己在他人脑中的印象。这一点，对于需要推销自己的人来说，尤为重要。

## 难挨的前60天

一个人胜利地征服主考官进入公司之后，前两个月是最难过的——不论所处的职位是高还是低，他都总是会想："我该怎么做，才能被新环境接纳？""我该怎么做，才能表现出自己的工作能力，让众人认可？""我该怎么做，才能让上司首肯，顺利地度过试用期？"这段时间是真刀真枪地检验简历是否属实的时候。也就是说，新进职员只有让前面的所有疑问都得到正面的、积极的回答，才能顺利地留在这个岗位上。因此作为公司新人，这60天中的每一天都不能对自己放松，都要保证出色地完成任务并努力搞好与同事间的关系。此时，参考职场"老人"的经验，对于新人来说是十分必要的：

■ 前6天——认识4个新同事。从身边的团队伙伴开始认识，不要因为他们指使自己干一些不乐意的事情而疏远他/她们。一个与同事之间关系不好的人，在工作中很快就会体验到孤立无援的尴尬与苦闷。

■ 第6至第20天——认识部门的负责人或者项目领导人、重要的决策者。很多人都认为新人不必急着认识公司的关键人物，这么想是大错特错。因为公司和部门的关键人物了解在这个行业中成功的要点，而且，通过初步的接触，新进职员也会发现如何与上司互动。

■ 第20至第30天——让上司知道自己在做什么，主动告知上司自己的工作进度。不要害怕问题曝光而不敢与上司交流，也不要想自己的一举一动都在上司的掌握之中而不必去做进一步的说明汇报。

■ 第30至第45天——写下自己对工作的定义。熟悉了公司的基本业务后，新进职员应该学着思考：主管对自己的工作期待与目前的工作内容差别在哪里？在工作中自己有没有表现的机会？自己应该怎样在最短时间内在工作上获得大家的认同？把这些问题写下，同时记下自己目前负责的工作及其完成期限，然后反映给上司。这样做的目的在于，为自己量身打造一个双方认可的工作计划。同时，此时也是对上司提出自己想法包括更换工作内容等要求的最佳时机。这样做的人，上司不会反感，反而可能会很欣赏，因为他努力地思考了做好一份工作的方法。

■ 第45至第60天——这段时间是新进职员思想最为浮躁的时候。他们已经大致熟悉了公司的工作方式和流程，对自己手头的工作也能够应付得得心应手。因此许多人对一些更难的工作会有跃跃欲试的念头。其实，这样只会让自己出力又不讨好，一旦难度稍高的工作没有能很好

地完成，那么很有可能你之前的努力都会被人否定。

■ 第60天——此时，新进职员已经彻底变为正式员工了，刚入公司时的压力和紧张感也消失了，许多人连当初的冲劲也没有了。一个聪明的女人，此刻一定不会让自己松懈下来，而会把这当成一个暂时的调整，为下一次的出发做好充足准备。

## 脱颖而出

企业的品牌是在市场的风浪中突现的，一个人的职业品牌也是在职场的风浪中铸就的。不同的是，要想当一个精彩的职场女人，在职场中的第二个和第三个60天，也应该像第一个60天那样，充满激情和活力，勇于面对难题、努力解决难题，只有这样，才可能在同类中脱颖而出。虽然说，每个人在职场中的情况可能会有很大差别，但有许多与成功密切相关的注意事项却是相同的。

## 培养三种心

坚持心。很多年前，一个默默无闻的喜剧演员只身来到好莱坞闯世界。他很努力但就是不成功：不管怎么做，不管怎样变换着表演场所和内容，他始终没有博得多少笑声。然而，他还是勇敢地坚持着自己喜欢的喜剧演出，他坚信自己有引人发笑的本领。当他受到打击、信心动摇的时候，他就把自己的"家"———一辆破车，开到好莱坞的小山顶上，然后对着山下的城市大喊："我知道，你喜欢我！"这个不停给自己打气、不断为自己加油的喜剧演员就是现在好莱坞最有票房号召力的喜剧演员——金·凯利。绝大多数人在工作中或与同事相处时，都会遇到一些挫折，但是，挫折不可怕，可怕的是对挫折屈服。如果一个人在职场初期60天的工作中没有在困难面前放弃，那么他们日后也应当能够在困难面前坚持到底。

学习心。这是一个人职场成功的真正支柱，它发挥着两个方面的重要作用：其一，帮助一个人建立职业品牌。任何有职业品牌的人，除了外围的辅助因素外，真正核心的是她的真才实学。学习心和学习力会帮助一个没有技能的人在进入岗位后迅速地"补习"起来，做到真正的"名副其实"。其二，帮助一个人延续职业品牌的生命。如果某个人已经在某一领域内赫赫有名，而又想始终走在时代前列的话，就必须用一双敏锐的眼睛看待这个瞬息万变的世界，学会不断弥补自己的不足，改进自己的落后之处。

挫折容忍心。这种心态属于EQ（情商）的范畴，是一种绝佳的竞争力。在压力大、变化大的工作环境中，挫折容忍心是保护自己渡过难关的良好心理素质，这也是21世纪提倡的一种职业素质。玛丽莲·吉塔经常抱怨说："许多导演给我的角色都是跑龙套的小角色。"她的表情很不乐意，仿佛这样子是委屈了自己。后来她的朋友给她列出了一张著名影星的名单，让她一一追溯，列出这些明星第一部电影的名字，当时他们扮演了什么角色。答案出来后，玛丽莲呆住了，因为很多影星当年的境况要比自己差得多。此后，每当再演跑龙套的小角色时，玛丽莲就跟自己说："那些国际知名的影星都能忍住出演这些角色，我也能。"许多人成功之前都有一个默默耕耘的平淡时期，这时候除了需要自己来为它增添光彩外，更重要的是能耐得住"寂寞"。有的时候，人们把每一件平淡的小事情都脚踏实地地做好之后，他的能力也会大大提升。许多职场人士被领导打击后，就会负气离职，这些人都应当算作是"职场败将"，他们不是败在IQ低，而是败在没有足够的挫折容忍心。

## 重视职场交际

当专业技能达到一定程度后，大部分的人都会把事情做得差不多好。这时候，帮一个女人再提升一层境界的就不是学识，而是人际关系了。而且，女人在开展交际时本身就有其自身独特的优越性。正如特蕾西·考克斯说："在职场上，总的来说，男人要比女人多。一个女人，留心应用自己的交际手腕，会产生意想不到的效果。越是男人成堆的地方，女人的交际手段越能发挥重大的作用。"因此，职场女人不能忽视对自己交际能力的培养。

一个善于交际的女人，一定具有亲和力，会让人在不知不觉中被吸引。而这些也是一种温柔的攻势，会通过"与人亲善"的特质发挥自己更多的影响力。许多电台主播和电视节目主持人都拥有这种亲和力，这种力量帮助他们塑造了极有魅力的职业品牌。

一个善于交际的女人，也一定具有卓越的沟通能力。她懂得倾听，也常常站在别人的角度看问题，真正弄懂对方所说的话；她也懂得把自己的想法传达出去。她不惧怕当众发言，更善于通过问题传达思想。她还会有谦虚的学习态度。这样，愿意帮助她的人才会很多。世界上许多成功女性都有一个或几个"导师"。在今天的职场上，女人格外需要谦虚地寻找一些令人尊敬的"导师"。这些"导师"不但有可能给她们提供各种经验，更有可能会给她们提供物质上的帮助。而这个"导师"可以是领导，也可以是职场前辈。

此外，想要变成善于交际的女人还需要培养好的团队精神，虽然女人在此方面本来就比男人有优势。男人的辞典里铺满了"征服"，而女人的辞典里更多的是"双赢"。世界上的许多成功女人，她们所散发出来的气质都不是精明、冷酷、不近人情，而是温和、甜美、易于合作。她们不会时时抱怨别人欺负自己，相反她们能够发现同事身上的优点，尊重对方的才干，与对方合作融洽。

## 培养领导能力

当你升迁或被选为业界的先锋时，一定不要为这个消息感到吃惊，成功应该在你的计划之中。

——彼得·蒙托尔

当一般的小职员还在为每月能否还上银行贷款发愁时，那些总裁、高级管理者、专业人员却拿着让人羡慕的薪水。据《财富》杂志披露，杰克·韦尔奇退休后还每年从GE拿走200万美元的退休金。那些拿着百万年薪的人绝不是一开始就拿到那份薪水的，这是他们经营计划的结果。他们树立了自己的职业品牌，得到了社会的认可，于是财源自然就会滚滚而来。

要想在职业上树立品牌，领导能力是必不可少的重要因素。在没有成为真正的领导者之前，可以尝试成为一个自由小组的领导者，向他人灌输你的思想，共同出色地完成任务。只有当上司看到你有领导别人的意愿，并且也展露出一些领导能力时，他才会给你真正的领导别人的机会。

女人们有许多天赋，诸如耐心、直觉、一心多用、交际、包容精神等，都是非常有力、足以领导别人前进的重要素质。女人要学会在工作中运用这些素质，而不是隐藏或对其加以伪装。当她看到别人照着自己的意思去做时，成就感也会油然而生。而与此同时，她的职业品牌也通过领导的实现而逐步地树立和坚固了。

# 打好职业品牌"保卫战"

世界知名企业从不吝啬打击假冒伪劣产品，也不会吝啬举行大规模的公关活动来挽救自己企业的名誉。这些做法都是为了让品牌有长线发展的可能。20几岁的女人如果已经树立好了自己的职业品牌，那么接下来就是一个更为艰巨的任务了——维护好自己的品牌。

# 解决信任危机

20世纪70年代，美孚石油公司的油轮泄漏，给美丽的美国西海岸造成了严重的污染。美国公民很愤怒，纷纷指责美孚公司，并拒绝使用美孚石油。在这种情况下，该公司的董事长发表电视讲话，向全国公民道歉，并表示美孚石油公司将尽全力来减轻这场灾难，并呼吁广大公民也加入到援救的行列中。许多公民响应了这一号召，并亲眼看到美孚公司为此做出的努力。他们被感动了，危机过后，美孚石油的销量不减反增。

其实，不仅是企业，人们在职场上也常常遭遇信任危机，有时候仅仅因为一个没有兑现的承诺，就会遭来上司的质疑和同事的怀疑。当危机发生、身处不可控制的环境下，诚实、主动地去沟通往往是最合适的第一反应。

苏珊是美国一家大出版公司的编辑部主任，经常加班加点地辛勤工作，但她却遇到了一个非常头痛的问题：市场部天天向她催问新产品何时开发出来。苏珊"下个月、两个星期以后"地穷于应付，结果到期并没有出来。在近期的公司会议上，市场总监不留情面地指责她"不守承诺"、"打乱了市场计划"，老板也投来了不信任的目光，这直接威胁到她的职业生涯。无奈之下，她去咨询，得到的答案是："诚实点吧，把你的真实情况告诉他们！"回去以后，苏珊在内部沟通会上发言了："我亲爱的市场部先生们，我的确没有遵守承诺。但你们知道为什么吗？看你们那副焦急的样子，我为了让你们好过点，给你们报的都是'最短的期限'。你们也能看到：编辑部是最辛苦的一个部门，我们夜以继日地干，还是完不成——不是工作方法不对，而实在是期限太短。你们喜欢自己异常辛苦，反过来再受指责吗？对我以前犯下的错误，我希望你们理解。在未来的工作中，我会给自己留一个恰当的期限，这样，就不会打破对你们的承诺了！"

# 应对"小人"

*恋爱中的嫉妒会使人心碎，事业中的嫉妒则可能置你于死地。*

*——《女性成功的8个步骤》*

*作者 罗宾·洛菲尔*

一个女人在职场上的成功往往会招来嫉妒的敌对者。女人们可能会妒忌你拿高薪、活得精彩，男人们可能会妒忌你"一个女流之辈，怎能爬到我的头上"。

劳拉升职后不久，就发现同事对她疏远了。不但如此，设计助理还说她剽窃了别人的设计成果，办公室秘书说她与老板的关系"非正常"。劳拉气得发抖，说："这些人太恶毒了！"之后，她变得情绪低落并且很憔悴，业绩也有下滑的迹象。直到有个朋友告诉她："用你的实力去击碎这些流言蜚语吧！"她才突然醒悟，下决心摆脱这些外界因素的干扰，保持着自己一贯的态度：积极工作，争取最佳。劳拉的表现最终让人们认识到，原来她的升职真的是工做出色的结果。反倒是那两位攻击她的人，渐渐地被众人疏远了。

对付小人的最好办法就是好好驾驭自己的职业品牌，勇敢地走自己的路。不过如果能提前多做"功课"，早日认清这些"小人"，说不定还能将伤害降得更低。一般来说，这些"小人"分为3种："过度关心"你的私生活的人，拼命煽动你的人，平常对你冷言冷语的人。

## 应对竞争

莉丝从来不觉得助理爱伦会是自己的竞争对手，但爱伦这一次的升迁，的确是以自己被"牺牲掉"为代价的。因为升迁的名额只有一个，不是艾伦就会是自己。在职场中，有些人不是小人，但也需要对他加以提防，这些人就是竞争对手。想要避免被竞争对手打败，最佳办法就是不断努力、完善自身：

■ 放大自我职业品牌的闪光之处（即你的强项），造就别人无法替代的优势。

■ 搞好人际交往，维护好与上司、下属和客户的关系。

■ 多阅读与自己职业相关的东西，保持与先进者同步甚至超越他们，这样才不至于被"踢"出局。

■ 注重效率，讲究成果。

■ 遵守承诺，做的比说的多。

■ 公平竞争。永远不采用下三烂的手段，不要让自己变成众人疏远的对象。

一个人，如果上述各方面都已经尽力而为，那么即使在竞争中失利也没有什么，因为"强中自有强中手"，对方一定有许多地方值得自己学习。那么，不妨和竞争对手变成朋友，学习他的优点，积攒力量，准备反击。

# 面对诱惑

莫妮卡在一家公司里奋斗5年，已经坐上了市场总监的位子。在工作中，她接触到一家海外贸易公司，这家公司正筹备在美国建立一个代表处，并计划聘用一个美国本土人当作首席代表。对方的负责人看中了莫妮卡。莫妮卡想，那边的薪水是自己目前薪水的两倍，能帮助自己实现不少物质上的愿望；而且那边的职位比自己现任的也要高很多，能学到的东西更多，于是便欣然同意了。几经谈判后，莫妮卡"跳槽"成功。然而最初的兴奋过去之后，她对具体的工作却力不从心了。因为工作内容不再局限于市场，而是涉及到管理、财务等方方面面，而这些都是一向专攻市场的自己不熟悉的。此外，新工作的办公环境远远不如原先的公司轻松。自己虽然是个首席代理，但事事都要向总部请示。4个月之后，莫妮卡的工作毫无进展，对方很不高兴，客气地把她"请"走了，承诺的薪水也没有兑现。莫妮卡又重新开始找工作，但因为她原先的那次"叛主"经历，谁都不敢太重用她。

当前，"我要高薪"的确是许多人的肺腑之言。但实际情况是，某个人如果一味追求高薪，忽略了对职业品牌的长期经营，最后的职业发展也可能和自己的初衷南辕北辙。许多成功人士都说，不为钱工作。这是因为，一旦你经营好了自己的职业品牌，自然会有许多人来邀请你为他们工作。这时，财源自然滚滚来。所以，职场人士在面对诱惑时，一定要慎重考虑。

## 学会主动变革

前文中的莫妮卡犯了一个严重的错误，她让自己被新的公司辞退了。如果她在意识到自己能力不足后，就向新公司主动说明，自动"请辞"的话，不但新公司会认为她很诚实，回报给她几分尊重，而且说不定她自己的身价还能提高。一个被GE公司开除的人，往往也难被其余大公司起用，因为GE已经给了他们一个评判标准。但相反的是，主动离开GE的人，往往会被其他大公司争用，因为这些公司认为，他/她正在寻找更能发挥自己能力的职位。

所以，永远不要被动地等待被淘汰，而应该积极主动地寻求有利于自己的变革。

# Chapter 7
## 财富让女人更有魅力

# 20几岁要学会赚钱

不管你处于何种地位，钱都是生存必需品，是增进休闲方式、提高生活品质的一种途径。

——"成功学的奠基人"奥里森·马登

"钱就是人的血液。"这话既俗气又露骨，但人们不得不承认，它一针见血地指出金钱在这个现代商业社会的力量。作为一个女人，要想活得精彩，除了"魅力"之外，还得拥有"财力"。

20几岁的女人常常会走入一个误区，认为想要成为富翁、过着有钱人的生活，就非得有一个有钱的父母或者嫁一个有钱的老公。这些只是变成有钱人的捷径，却不是唯一的路径。其实，20几岁的女孩如果选对事业的方向，开始尝试理财，那么仅凭自己的一己之力也完全有可能赚大钱。况且，20几岁的女人只有学会赚钱，才有可能在艰难的30几岁里真正的"独立"，摆脱成为"依靠丈夫生活"或"金钱奴隶"的命运。

## 谁说30几岁不能退休？

"世界著名营销大师"贝克·哈吉斯在他的著作中讲了一个风靡全球的"管道"故事：以前，在意大利的一个小村子里，有两个分别叫做布鲁诺和柏波罗的年轻人。村里雇用他们把附近河里的水运到村中央广场的水缸里去，并按每桶水1分钱的价钱付给他们。一天，柏波罗说：

"一天才几毛钱的报酬，却要这样来回提水，干脆我们修一条管道把水引到村里去吧？"布鲁诺反对，并劝他放弃这种想法。但柏波罗相信他的梦想终会实现。于是，他将白天的一部分时间用来提水，另一部分时间以及周末用来建造管道。布鲁诺和其他村民开始嘲笑柏波罗，但柏波罗不管这些，他继续挖着管道，哪怕每次只是1英寸。最后，柏波罗的好日子终于到来了——管道完工了！现在，村子里源源不断地有新鲜的水供应了。柏波罗的钱也越来越多。因为，他只要坐在那里，就会有很多的钱流入口袋里。这就是一种财务自由的境界，不需要准点坐在办公室里，也没有上司的管制。

这里贝克·哈吉斯提出了这样的一个问题："难道一小时的工作只能换一小时的报酬，一个月的工作只能换一个月的报酬，一年的工作只能换一年的报酬，就应当是这样吗？"贝克·哈吉斯的回答是不。但如果一个人的回答是肯定的，那么则表明他已经掉入了一个陷阱：时间换金钱。

不工作 ＝ 没有薪水

（不付出时间）＝（没有金钱）

如果"金钱规律"真的是这样，那么每个人的生活都会很可怕！因为，每个人都会有做不动的一天，届时他无法付出时间了，该怎么办？还有一种更为可怕的情况，当一个人欠了债务时，他不付出时间换不到金钱，但是他照样还得付出金钱，因为银行会收取利息。

杰瑞米是一个澳大利亚籍留学生，他很有理财意识，他骄傲地对海伦说："我每个月什么都不用做，就会赚到600澳元！"难道是他继承了一笔遗产？不，原来他自从高中起，就做一些兼职的小时工，然后把赚到的钱投入到一家管理基金去。于是，他就有了源源不断的收入。其实那些钱，如果稍不留意，是很容易在当初就被花掉的。

杰瑞米只是一个典型性的例子，这里并不要求每个人把钱都投资到管理基金去，只是让年轻女孩看到一个事实：不付出时间也可以让金钱源源流入。所以，20几岁的女孩一定要摆脱用时间换金钱的观念，学习一些让钱也可以"生"钱的理财知识。30几岁退休，并不是个遥不可及的梦！只要20几岁时做好详细地规划，考虑细致，并为之而努力。30几岁也能成为一个"自由人"。25岁的顾媛便正在做着自己的"自由梦"：她计划在3年内存够20万元，投资一个市中心的3居室公寓；自己住一间，另外两间出租，租金刚好够付分期；10年后，分期付满，自己可以退休，安然地靠租金过上不错的生活，并做点自己想做的事情……

## 会花钱比会赚钱更重要

时间会显露一切：从你零零碎碎的小花费中，本可以省出好几万美元。

——"成功学教母"桃乐丝·卡耐基

生活中，人们70%的烦恼都跟金钱有关，一是烦恼赚不到钱，二是烦恼留不住钱。20几岁的女人，绝大多数不用负担家庭，而且还有父母做坚强的经济后盾，所以出现了一大批所谓的"月光族"。有些薪水相当高的女人，每个月有将近万元的收入，但好几年下来竟然连一套房子的首付都没能攒够，甚至银行里也没有一分钱存款，相反的是，信用卡里倒有的是负债。这样的女人，一旦她突然失去了工作，沦为"新贫族"时，生活便顿时没有了着落。

其实，凡是成功之人大多都懂得节约用钱之道。不管是经营生活还是经营企业，他们都绝对不会让钱从指缝里轻易溜走。石油大亨保罗·盖

帝说："盲目花钱，就是让无谓的人分享你的收入。"女孩们不妨检视一下自己是不是盲目花钱的女人。看看自己身边的物品是不是都是必需品，有没有买回来用了几次就扔在一边不用的。一个人如果花200元买了一只mp3，却只用它听了一首歌，那么他就是为这首歌付出了200元的费用。

为了不大手大脚花钱，20几岁刚开始赚钱的女孩需要建立起自己的财务战略规划，为自己花出去的每一分钱负责，那么不妨每个月为自己做一份"财务报表"吧！

# 一份财务报表

**每月财务表**

| 类别 | 支出 | |
|---|---|---|
| | 项目 | 数额 |
| 固定支出 | 房租（分期付款） | |
| | 电话费 | |
| | 电费 | |
| | 煤气费 | |
| | 物业费 | |
| | 保险费 | |
| 变动支出 | …… | …… |

填完固定支出后，女孩们就需要计算一下变动支出了，譬如说食品开支、外出吃饭的费用、娱乐开支、家居用品费用、培训费用、着装费、修车费、汽油费等等。不妨买一个小笔记本，在笔记本的每一页上写下支出项目的名称，并将其随身携带。当每一样费用支出时，考虑一下应该归入哪类，譬如订杂志的钱应归入娱乐费用。尽量记录得详细，下面

以"外出吃饭费用"为例：

| 时 间 | 地 点 | 支 出 |
|---|---|---|
| 2009.10.24 | 美酒咖啡吧 | 48元 |
| 2009.10.28 | 牛排屋 | 103元 |
| …… | | |

　　一个月计算一次小笔记本上的各项支出。计算的结果可能让自己都很吃惊，原来自己竟然在看不见的小东西上花了这么多钱！譬如说，如果一个女孩每天花20元去喝咖啡，一个月下来，光喝咖啡就喝掉了600元！

　　统计出来之后，把各项支出挪到"每月财务表"的"变动支出"下。

| 变 动 支 出 | 食品开支 | |
|---|---|---|
| | 外出吃饭费用 | |
| | 娱乐开支 | |
| | …… | …… |

　　之后，再把税后的收入也挪到"每月财务表"上，放在"支出"项目的右边。

| | 收 入 | |
|---|---|---|
| 类别 | 项目 | 数额 |
| 固定薪水 | 薪金收入 | |
| | 加班收入 | |
| | 奖金 | |
| 额外收入 | …… | …… |

　　现在，真正的困难来了：一个收入比较少的的人，如何把支出控制在收入以内，以防产生赤字？如果收入一般，如何尽量多存些钱？如果收入较多，如何避免大手大脚地花钱？其实，最可行的办法是：在变动支出上动脑筋，把它压缩到最小。女孩们不妨再问自己几个问题：

　　我能不能搬到一个居住相对便宜的地段？

我的车必须吃"高级汽油"吗？能不能是普通汽油？

我是否可以在电脑上看电影，而不是每周花80元人民币去剧院？

我真的需要订阅这些杂志吗？

我必须看收费电视吗？

我必须喝瓶装的纯净水吗？有没有更便宜的选择？

对以上问题的不同回答，会给女孩带来不同的花销。不过就算女孩选择了节约开支，只要方法得当也并不会觉得痛苦。因为，聪明地花钱不是突然间剥夺一个人的乐趣。著名财商教育专家罗伯特·清崎说："预算的意义，并不是要把所有的乐趣都从生活中抹杀；而是要给我们物质安全，并使我们免于忧虑。"学着聪明地花钱也可以慢慢来，譬如说，女孩们可以把每周出去看一次电影改成两周出去看一次，另外一次可以在家里看；如果感觉不错的话，再改为3周一次、一个月一次；到最后就会发现，花的钱少了，但却并没有因此而觉得不愉快。

采取节约的措施后，女孩们可以给每项压缩后的变动支出算出一个预算数字。而这个数字会比之前无意识花掉的钱数要少得多。而且女孩们很可能还会受益于自己想出来的省钱办法，譬如说，把出去喝咖啡的费用减少到200元，补救措施是，经常在家里给自己煮咖啡喝；把订阅杂志的费用减为零，补救措施是，经常光顾图书馆的杂志阅览室。

一个聪明的女人，能用和别人同样的钱把家人的生活安排得更好。

报纸上曾经报道过一个5口之家，年收入只有4万元，却过上了比年收入超过10万的人更好的日子。他们豪宅、香车、存款，样样不少，都是因为会精打细算地花钱。保罗·盖帝说："没有精明花钱概念的人只有两种：尚无家室的明星和流浪汉。前者挥金如土，后者无钱可省。"20几岁的女孩应当学会"精明花钱"，这不但能积累钱财购买真正需要购买的东西，或应付生病、灾祸等意外紧急之需，而且还能解决债务问题，甚至让自己有更多的钱进行投资。

# 学一点理财知识

*"金钱是一个回避不了的问题，你躲着它，它就来围困你。"*

*"女人必须熟知各种财务技巧，对储蓄、退休金、投资、保险与其他的财务世界均需投入相当的努力。"*

—— "股神"沃伦·巴菲特

金钱的运作有一套属于它自己的规律，一个女人，如果想驾驭金钱，就需要了解复杂的理财知识；想知道什么样的男人可以从父母那里继承财产，并用它来赚更多的钱，也应该学习理财知识；想知道什么样的方法可以让钱快速生钱，更应当学习理财知识。

虽然复杂的财务知识对一些20几岁的女孩来说有些难懂和深奥，但是如果她将学习这些知识当成是改善人生的方法，就不会感觉那么复杂和困难了。有句俗话说，贫穷并不可耻，可耻的是贫穷的原因。如果一个20几岁的女孩没有从父母那儿得到经济资助，自己也没有多少积蓄，所以没有什么钱可以花，这是可以理解的。但是，如果10年后她还是没有钱，那么则应当为自己感到羞愧了。为了让自己10年后不再贫穷，年轻的女孩需要用心适当地学习一些理财方法。

## 从储蓄开始

从储蓄开始，进而投资。然后，你会成为金钱的主人，而不是金钱的仆人。

——著名财商教育专家、全球畅销书

《富爸爸，穷爸爸》的作者罗伯特·清崎

　　有些人是天生善于理财的；有些人是看起来像善于理财的；有些人是根本不善于理财的。现实生活中，不懂得理财的人占大多数，他们总是生活在如下图所示的一个怪圈里，做着无休无止的循环。

　　他们也有可能赚到不少的钱，但高档的生活消费又把这些钱带走了。于是，他们一刻不停地再去赚钱，没有时间休息，也找不出时间做点想做的事。不过，聪明的女人总是会通过各种理财手段，轻而易举地跳出这个怪圈。那么理财从哪里开始呢？最简单的就是储蓄。对于金钱持有"病态恐惧"的人和"挥金如土者"，她们要学习的第一个步骤就是储蓄。虽然说储蓄并不是最理想的理财手段，但是对于初涉理财的人来说，储蓄是最安全、风险最小的"投资"。储蓄能帮助人们实现财务安排，避免负债；储蓄金还能帮助人们应付意外情况，如高额的医院账单、突如其来的失业等；甚至它还可以充当投资的资本，以带来财富和真正的财务自由。

美国的"钢铁大王"卡耐基曾在密苏里州的玉米田和谷仓里做过每天10小时的劳动工作。那里虽然环境优美，但对于卡耐基来说却是个魔窟，他每天必须从事高强度的体力劳动10小时，但能得到的工资却很有限。那时，他的生活非常艰辛，为了节省5分钱的电车费，卡耐基不得不步行十几里路去工作。怎么样才能摆脱贫困呢，卡耐基想："要是我能有一份存款就好了。"于是，他用步行了20天省下来的钱——1美元电车费，在附近的银行里立了一个户头。卡耐基心里感觉十分踏实，他觉得有了存款就有了希望。10天后，卡耐基又在账户里存进了1美元。就这样，他每隔20天存一次，每次1美元。1年下来，他的存折上已经有了18美元了。当时，卡耐基需要50美元的款项，但是他每天的收入只有

5毛钱，50美元似乎太遥远了。于是他把目光停留在30美元上。过了一段时间，卡耐基的存折上出现了30美元。他仍然接着存，最后终于存到了50美元。这50美元就是"钢铁大王"卡耐基的第一笔资本。

不过，储蓄有时候也有一定的风险，因为银行的利息率有可能比不上通货膨胀率。如果这样的话，从长远的角度说，钱只会越存越少。也就是说，时间在赋予金钱的同时，又在夺走金钱。因此，并不是说女人变成"储蓄狂"就会有较好的晚年。那么，20几岁的女孩究竟应当怎样储蓄呢？

■ 首先，根据自己目前的经济来源和消费预算，想一想：最多能够存多少钱？犹太人当中流传着一句话："如果你想保持收支平衡，那就要存下收入的一半；如果你想变富有，那就要存下收入的2/3。"并不一定非要按这个做，但应尽己所能多存一点。

■ 其次，分析储蓄的币种、种类、期限和利息，最大限度地满足自己的需要。

■ 培养起坚持存钱的习惯，这远远好于偶尔一次存入一大笔钱。

■ 决不要轻易地把存进去的钱再拿出来。华尔街一个著名的投资专家曾说，他成功的秘诀就是：没钱时，不管再怎么困难，也不要动用投资和积蓄，压力会使自己找到赚钱的新方法，帮着还清账单。

# 让钱生钱

有的人拼命赚钱，有的人省吃俭用，但是他们可能并没有富起来，这是为什么呢？"股神"巴菲特给出的答案是：因为他们没有把握住财富增长的轨迹。那财富增长的轨迹又是什么呢？就是投资。

一个聪明的"求富"女人会对投资有所了解。《圣经》里有一个故事：一位富人把财产分成3份，托付给3个仆人，要他们善加管理。第一个仆人用这些钱做起了各种投资；第二个仆人则买回原料制成商品出售；第三个仆人为了安全起见，把钱埋在树下。一年后，富人召回3个仆人检视成就，前两个仆人管理的财富均增长一倍，第三个则是原物奉还。让钱生钱的最好办法就是投资。20几岁的女孩，如果能很好地掌握投资方法，就可以动用每一分钱，让它们像农田里的庄稼一样茁壮成长，使财富源源不绝地流入自己的口袋。

1896年，诺贝尔奖金创立时，只有900多万美元的基金。管理委员会规定：基金的管理政策是安全且有固定收益，所以应该存进银行或购买公债。但因为每年诺贝尔奖要颁发给5个人，每个人100万美元，那么两年后，基金就会明显地吃紧。理事们及时觉醒，更改了基金管理的章程：将原来只准存银行与购买公债的管理办法，改为投资股票和房地产。管理观念改变后，情况很快发生了变化。到1993年，基金总资产增长到2.7亿美元。

投资在所有理财方法中是风险最大的一个，因此有的人虽然有这个念头，却迟迟不敢尝试。但是投资的高回报率却诱惑了另外一些人，他们希望快速致富，于是在自己对投资知识了解尚浅的情况下就进行"盲目投资"。这些时候，很多人致"富"不成反而会血本无归。美国证券交易委员会有几道题目，专门测试人们对投资知识的掌握。一个人如果没有这些知识，则最好不要进行投资尝试。年轻女孩不妨也拿这些问题问问自己：

1. 在过去70年中，让投资者赚到最多的钱，获得最高的回报率的投资方式是：

□ 股票；　　□ 公司债券；

□ 银行储蓄；　　□ 我不知道。

2. 如果我购买了一家公司的股票，这意味着：

□ 我拥有了公司的一部分；

□ 我借给了公司钱；

□ 我对公司的债务负有责任；

□ 公司有一天会退还我的本金，外加利息；

□ 我不知道。

3. 如果你买了一家公司的债券，这意味着：

□ 我拥有了公司的一部分；

□ 我借给了公司钱；

□ 我对公司的债务负有责任；

□ 我能参与公司的管理；

□ 我不知道。

4.莫妮卡为了分散投资的风险，买了不同种类的股票、债券和共同基金，这种行为属于：

□ 储蓄；　□ 投资组合；

□ 分散投资；　　　□ 我不知道。

5.卡洛斯手头有一些现金，现在，他面临着几种选择。你认为他最好做什么？

□ 存银行里去；

□ 买政府公债；

□ 先把信用卡的欠款付清，那可是要征18%的利息；

□ 我不知道。

6.玛利亚想在20年后拥有10万美元。她的钱存得越早，需要的钱就越少，为什么？

□ 股票市场将"牛"起来；

□ 利率会上升；

□ 储蓄的利率是以复利计算的；

□ 我不清楚。

7.詹尼弗想拿出一部分储蓄来投资到共同基金上，是因为：

□ 这比存银行收益高，而且有保障；

□ 没有风险；

□ 有专家管理；

☐ 我不知道。

8.鲍勃今年22岁，想开始为65岁时退休存钱，总共43年。他应该做出哪种选择？

☐ 开一个银行活期账户；

☐ 买份投资于股票的共同基金；

☐ 买一家公司的股票；

☐ 我不知道。

看完这些问题觉得一头雾水的人，建议先别太过激进地"盲目投资"，最好先学习一下投资理财的知识，或者是请专门的投资顾问。但是，这期间你也可以尝试一些自己能够掌控的稳健型的投资，就像澳大利亚男孩杰瑞米的母亲。她是一个家庭主妇，她把储蓄拿出来投资了两套公寓，出租给留学生，年净收益率是25%，而同期的银行利率只有2.5%。

## 让保险承担意外损失

有一则流传甚广的小笑话：霍森带着妻子儿女去郊游。他们开着一辆老爷车，可车子竟在铁路的交岔道口上抛了锚，而远处已经有一列火车正在开过来！妻儿们都呼喊着要赶快弃车逃命，但霍森却坚决不肯。火车越来越近，他的妻儿们不顾一切地翻身跳出汽车，霍森却一动不动。眼看就要撞上火车了，霍森突然对着妻子高叫："罗丝，万一我死了，保险箱的钥匙在我书房的《莎士比亚全集》后面，里面有我的人寿保险单……"

笑话中提到的人寿保险，是以人的生命为保险标的，以生、死为保险事故的一种人身保险。从整个社会来看，总会有一些人发生意外伤害事故，总会有一些人患病，各种危险随时在威胁着人们的生命，所以我们必须采用一种对付人身危险的方法，即对发生人身危险的人及其家庭在经济上给予一定的物质帮助，人寿保险就属于这种方法。而当前社会，除了可以对人的身体进行保险，还可以对车等物品进行保险。

一个普通的人，谁也不知道明天会有什么意外发生，自己会损失什么。面对着人生可能出现的种种风险，最好是事先做好防范，因此买保险的必要性应该排在投资的前面。即使一个人没有很多的储蓄，即使他没有去投资，他也应该给自己上保险，并把它当作一种必要的开支。因为当有一天意外真的发生时，保险能帮人们规避大笔损失，这其实就是一种收益回报。

所以，20几岁的女孩不妨从现在开始了解一些保险知识，比如说"保险的种类"，"保险的范围"，研究什么样的保险最适合自己。这样不仅是对自己的人生负责，更是规避意外损失的一种方法。

## 从现在开始，做一个会理财的女人

理财师们喜欢比较两种情形：相同的两个人，拿着相同的薪水。

一个人陷入了时间和金钱的陷阱，拼命工作去换取生存，到最后，拥有一个家和一份社会保险；另一个人，玩转时间与金钱的游戏，到最后，拥有了大量的财富，而且并没有多付出多少。如果这两个人都是女人的话，她们的对比应该是这样的：

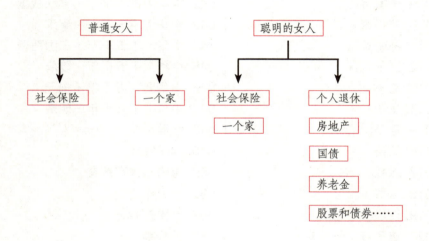

20几岁的女孩，你愿意选择当哪个女人呢？聪明如你，当然要当第二个，那么，就从现在起，开始你的理财生涯吧！